中国特色高水平高职专业建设计划成果

现代农业装备应用技术专业群系列教材

先进制造技术

XIANJIN ZHIZAO JISHU

段性军　王宝刚◎主编

U0299036

中国农业出版社

北　京

编 审 人 员

前 言

21世纪以来，信息技术迅猛发展并在制造领域中广泛渗透、应用和衍生，使制造业的面貌发生了深刻的变化，极大地拓展了制造活动的深度和广度，促使制造业向着高度自动化、网络化、智能化和集成化的方向发展，不断涌现出新的制造模式，现代制造技术的内涵也不断地变化。目前，国家间的经济交往与合作更加频繁和紧密，竞争越来越激烈，对于制造业来说，竞争的核心是制造技术的竞争。

本教材根据高等职业教育复合型技术技能人才培养的基本要求进行编写，符合当前人才培养模式转变及教学改革的需要，内容新颖实用，与产业紧密联系，注重复合型技术技能人才的培养。本教材对现代先进制造技术进行了较全面的介绍，在内容上，力求反映新概念、新技术及新方法，保持教材的先进性，注意理论联系实际，强调实用性、针对性，注重培养学生的实践能力，既着眼于先进技术及其未来的发展，也注重我国当前的国情；在语言上，力求由浅入深，循序渐进，注意培养学生的自学能力和知识拓展能力。

本教材共分7个项目，包括制造业及先进制造技术认知、计算机辅助设计与制造技术应用、三维技术在现代制造业中的应用、特种加工技术认知及应用、精密加工和超精密加工技术认知及应用、柔性制造技术应用、工业机器人认知及应用。

本教材由黑龙江农业工程职业学院段性军、王宝刚担任主编，由黑龙江农业工程职业学院闫玉蕾、汪海涛、赵娜担任副主编。具体编写分工如下：段性军编写项目一，王宝刚编写项目二任务四与任务五、项目四任务一与任务四，赵娜编写项目四任务二与任务三、项目七任务三与任务四，黑龙江农业工程职业学院王锋编写项目二任务一、任务二、任务三，闫玉蕾编写项目三任务一，汪海涛编写项目七任务一与任务二、项目六任务二，黑龙江农业工程职业学院张光普编写项目三任务二、项目五任务三，黑龙江农业工程职业学院李宏学编写项目五任务一与任务二，中航哈尔滨东安发动机有限公司汪焕兴编写项目六任务一，全书由段性军统稿。

黑龙江农业工程职业学院山颖教授对书稿进行了全面、认真的审读，并提出许

1

多宝贵意见,在此表示衷心的感谢!本教材在编写过程中还得到各兄弟院校及相关企业的大力支持和热情帮助,在此一并表示感谢!

本教材配套的教学课件、动画、视频等资源可通扫描教材中的二维码获取。

由于编者水平有限,书中不足和疏漏之处在所难免,敬请读者批评指正。

编 者

2022 年 10 月

目 录

前言

项目一　制造业及先进制造技术认知 ……………………………………………… 1

　　任务一　制造业认知 …………………………………………………………… 1

　　任务二　先进制造技术认知 …………………………………………………… 4

项目二　计算机辅助设计与制造技术应用 ……………………………………… 11

　　任务一　CAD/CAM 认知 …………………………………………………… 11

　　任务二　计算机辅助设计技术应用 ………………………………………… 20

　　任务三　计算机辅助工艺过程设计应用 …………………………………… 28

　　任务四　计算机辅助制造技术应用 ………………………………………… 32

　　任务五　CAD/CAM 集成技术应用 ………………………………………… 43

项目三　三维技术在现代制造业中的应用 ……………………………………… 50

　　任务一　三维扫描技术认知及应用 ………………………………………… 50

　　任务二　3D 打印技术认知及应用 …………………………………………… 61

项目四　特种加工技术认知及应用 ……………………………………………… 70

　　任务一　特种加工技术认知 ………………………………………………… 70

　　任务二　激光加工应用 ……………………………………………………… 74

　　任务三　电子束加工应用 …………………………………………………… 79

　　任务四　液力加工应用 ……………………………………………………… 83

项目五　精密加工和超精密加工技术认知及应用 ……………………………… 88

　　任务一　精密加工和超精密加工认知 ……………………………………… 88

　　任务二　精密、超精密加工方法在制造中的应用 ………………………… 92

　　任务三　数控多轴加工技术应用 …………………………………………… 99

1

项目六 柔性制造技术应用 ……………………………………………… 109

    任务一 柔性制造系统认知 …………………………………………… 109

    任务二 FMS 数控加工系统应用 …………………………………… 112

项目七 工业机器人认知及应用 ………………………………………… 122

    任务一 工业机器人认知 ……………………………………………… 122

    任务二 工业机器人手动操作 ………………………………………… 127

    任务三 工业机器人示教编程及应用 ………………………………… 139

    任务四 工业机器人的应用 …………………………………………… 148

参考文献 ……………………………………………………………………… 159

项目一
//////////////////////////
制造业及先进制造技术认知

任务一 制造业认知

学习目标

1. 了解制造业的发展历程，认识制造业的作用。
2. 了解制造业的发展趋势。

思政目标

1. 培养对制造业的兴趣。
2. 树立为我国制造业发展而奉献的崇高职业追求。

相关知识

制造业是人类社会赖以生存的基础产业，制造业奠定了工业革命以来世界经济的基础，是一个国家综合竞争力的重要支柱。

一、制造业的发展历程

人类最早的制造活动可以追溯到新石器时代，当时人们利用石器作为劳动工具，制作生活和生产用品，制造技术处于萌芽阶段。到了青铜器和铁器时代，为了满足以农业为主的自然经济的需要，出现了诸如纺织、冶炼和锻造等较为原始的制造活动。

制造（manufacturing）是一种将物料、能量、资金、人力、信息等有关资源，按照社会的需求转变为新的、有更高应用价值的有形物质产品和无形产品资源（如软件、服务等）的行为和过程。

国际生产工程研究学会（CIRP）将制造的定义为：制造是一个涉及制造工业中产品设计、物料选择、生产计划、生产过程、质量保证、经营管理、市场销售和服务的一系列相关活动和工作的总称。

制造过程是指产品设计、生产、使用、维修、报废、回收等的全过程，也称为产品生命周期。制造过程及其所涉及的硬件（包括人员、生产设备、材料、能源和各种辅助装置等）以及有关的软件（包括制造理论、制造工艺、制造方法和制造信息等），组成了一个具有特定功能的有机整体，称为制造系统（manufacturing system）。

制造业（manufactury）是将制造资源（物料、能源、设备、工具、资金、信息、人力

1

等）利用制造技术，通过制造过程，转化为供人们使用或利用的工业品或生活消费品的行业，也可以说是所有与制造活动有关的实体或企业、机构的总称。

社会的进步和发展是伴随着制造业的革新和发展而进行的。每一个社会发展阶段都会出现与之相匹配的加工制造技术。不同社会发展阶段制造业的制造模式见表1-1。

表1-1　不同社会发展阶段制造业的制造模式

发展阶段	工具	制造模式
农业社会	石器、铜器、铁器	手工制造
工业社会	机器	机器制造、机械化流水线制造、自动化制造
信息社会	计算机新技术	现代制造、柔性制造、集成制造、敏捷制造、智能制造、纳米制造、生物制造、增材制造

二、制造业的作用

20世纪以来，制造业生产的众多新型产品对人们的生产、生活方式都产生了重大影响。

瑞士人口少，但瑞士人均国民生产总值却排世界前列，这主要归功于瑞士十分发达的制造业。凭借科技创新等，瑞士的制造业如今已形成机械、化工、纺织、钟表和食品等五大支柱产业，所创造的价值约占其国内生产总值的30%。

20世纪70年代，美国不重视制造业，把制造业称为"夕阳工业"，结果导致美国20世纪80年代的经济衰退。而同时期日本非常重视制造业，特别重视汽车制造业和微电子制造业，结果日本的汽车和家用电器占领了全球市场，尤其是大举进入了美国市场。综观世界各国的发展历程，可以发现：如果一个国家的制造业发达，它的经济会发达，综合实力也会得以提升。人类社会的发展史，特别是近几十年世界经济的发展状况就是有力的证明。

根据2019年中国工程院的调查结论，我国制造业工业总产值约占国民生产总值的42.5%，占整个工业生产总值的80%，就业人员为8 043万。预计未来15年内，制造业的年均增长率将高于国民生产总值的年均增长率。

总之，无论科学技术怎样发展，信息和知识的力量如何强大，其大部分价值最终是通过制造业贡献于社会的。值得注意的是，在更高的社会发展阶段，对于基础产业的依赖性将更为突出，信息社会和知识社会的高度发展更离不开制造业的支撑。

三、制造业的发展趋势

科技的进步和制造业的发展相互促进，是推动社会发展的主要动力。从科学发现到技术发明需要一个较长的孕育过程，如表1-2所示。

表1-2　从科学发现到技术发明

科学发现	年份	技术发明	年份	孕育时间/年
电磁感应原理	1831	发电机	1872	41
内燃机原理	1862	汽油内燃机	1883	21
电磁波通信原理	1895	公众广播电台	1921	26
喷气推进原理	1906	喷气发动机	1935	29

（续）

科学发现	年份	技术发明	年份	孕育时间/年
雷达原理	1925	雷达	1935	10
铀核裂变	1938	原子弹	1945	7
半导体	1948	半导体收音机	1954	6
集成电路设计原理	1952	单片集成电路	1959	7
光纤通信原理	1966	光纤电缆	1970	4
无线移动通信设想	1974	蜂窝移动电话	1978	4
多媒体设想	1987	多媒体计算机	1991	4
芯片设计	20世纪90年代	芯片	20世纪90年代	1.5

信息技术的迅速发展，给制造业在产品设计、工艺与装备、生产管理和企业经营带来了重大变革，先后诞生了一系列制造技术和制造模式，如表1-3所示。

表1-3　制造技术和制造模式名称及其英文缩写

名称	英文缩写	名称	英文缩写	名称	英文缩写
数控	NC	柔性制造系统	FMS	生产数据交换标准	STEP
加工中心	MC	准时生产	JIT	智能制造技术	IMT
计算机数控	CNC	管理信息系统	MIS	精良生产	LP
计算机辅助制造	CAM	并行工程	CE	按类个别生产	OKP
工业机器人	IR	成组技术	GT	按订单生产	MTO
计算机辅助工艺	CAPP	质量功能配置	QFD	快速成型技术	RP
计算机辅助调度	CAPS	计算机辅助设计	CAD	快速制造	RM
计算机辅助检测	CAI	物料需求计划	MRP	敏捷制造	AM
计算机辅助工程	CAE	制造资源计划	MRPII	虚拟制造	VM
计算机辅助装配规划	CAAP	企业资源计划	ERP	计算机集成制造	CIM
柔性制造单元	FMC	产品数据管理	PDM	计算机集成制造系统	CIMS
柔性制造线	FML	初始网形交换系统	IGES	绿色制造	GM

在新材料方面，高强度轻合金、工程塑料、复合材料、陶瓷材料等材料的应用，使产品用材有了显著变化，又促进了新加工工艺和成型方法的发展，出现了多种精密加工、复合加工、特种加工、材料改性等新工艺，提高了加工质量和效率。加工装备走向一机多能、粗精加工一体化、加工检测集成、人机一体化，出现了智能化加工单元。

总之，现代制造将以先进制造技术为主要支撑，以资源和资源转换为对象，以现代制造科学与技术为基础，以制造系统为载体，以信息化、网络化、生态化和全球化为环境和背景，促进社会经济的持续快速发展。

学习效果评价

完成本任务学习后，进行学习效果评价，如表1-4所示。

表1-4 学习效果评价

班级		学号		姓名		成绩	
任务名称							
评价内容			配分		得分		
能够描述制造业发展过程			20				
能够描述制造业作用			20				
能够描述制造业在不同社会发展阶段的制造模式			20				
能够描述制造业发展趋势			20				
学习的主动性			5				
独立理解问题的能力			5				
学习方法的正确性			5				
团队合作能力			5				
总分			100				
建议							

任务二 先进制造技术认知

学习目标

1. 了解先进制造技术产生的背景和概念，理解其体系结构中的逻辑关系。
2. 认识先进制造技术涵盖的领域及发展趋势。
3. 掌握先进制造技术的特点与作用。

思政目标

培养爱岗敬业精神，关注国家制造业发展。

先进制造
技术认知

相关知识

先进制造技术是多学科先进技术的综合，其所涉及的领域比较广泛。从其先进性与综合性来说，与传统制造技术相比，具有诸多优点，在促进国家经济发展中能发挥极其重要的作用。

一、先进技术产生的背景

20世纪70年代，美国一批学者基于错误的认识，提出美国已进入"后工业化社会"，强调制造业是"夕阳工业"，认为应将经济重心由制造业转向纯高科技产业及服务业等。结果，美国制造业衰退，产品的市场竞争力下降，贸易逆差剧增，原来美国占绝对优势的许多产品，都在竞争中败给日本，日本产品逐渐占领了美国市场。美国产品在来自日本的高质量、高科技产品以及其他国家制造品的夹击下，生存空间不断萎缩，引起美国各界广泛担忧。美国学术界、企业界和政治界人士纷纷要求政府出面组织、协调和支持产业技术的发展，重振美国经济。为此，美国政府和企业界花费大量经费，组织专家、学者进行调查研究。麻省理工学院的调查结论为：一个国家要生活得好，必须生产得好；振兴美国经济的出路在于振兴美国的制造业。调查结果使美国认识到，经济的竞争归根到底是制造技术和制造能力的竞争。观念转变后，美国政府立即采取一系列措施，展开先进制造技术的研究，成立了8个国家级制造研究中心，开展大规模的"21世纪制造企业战略"研究，取得了很好的效果，很快美国汽车产量超过日本，重新占领欧美市场。与此同时，日本、欧洲各国、澳大利亚等工业发达国家也相继展开各自国家先进制造技术的理论和应用研究，把先进制造技术的研究和应用推向高潮。

二、先进制造技术的概念

先进制造技术（advanced manufacturing technology，AMT）是传统制造技术、信息技术、计算机技术、自动化技术与管理科学等多学科先进技术综合，并应用于制造工程之中所形成的一个学科体系。

AMT是在传统制造技术基础上不断吸收机械、电子、信息、材料、能源和现代管理等方面的成果，并将其综合应用于产品设计、制造、检测、管理、销售、使用、服务的制造全过程中的技术，能实现优质、高效、低耗、清洁、灵活的生产，提高市场的适应能力和竞争能力，以取得理想的技术经济效果。因此，AMT呈现出精密化、柔性化、网络化、虚拟化、智能化、清洁化、集成化、全球化等特点。因此，研究、推广和应用先进制造技术无疑是十分重要的。

三、先进制造技术的体系结构

1994年初，美国联邦科学、工程和技术协会委员会（FCCSET）下属的工业和技术委员会先进制造技术工作组提出将先进制造技术分为3个技术群：

（1）主体技术群，包括制造设计技术群和制造工艺技术群。

（2）支撑技术群。

（3）制造技术环境。

FCCSET提出的先进制造技术的体系结构见表1-5。

表1-5　先进制造技术的体系结构

主体技术群		支撑技术群	制造技术环境
制造设计技术群： ①产品、工艺设计： 计算机辅助设计 工艺过程建模和仿真 工艺规程设计 系统工程基础 ②快速成型技术 ③并行工程	制造工艺技术群： ①材料生产工艺 ②加工工艺 ③连接与装配 ④测试和检测 ⑤环保技术 ⑥维修技术 ⑦其他	①信息技术： 接口和通信 数据库 集成框架 软件工程 人工智能 决策支持 ②标准和框架：	①质量管理 ②用户/供应商交互 ③工作人员培训和教育 ④监督和基准评测 ⑤技术获取和利用

（续）

主体技术群	支撑技术群	制造技术环境
	数据标准 工艺标准 检验标准 接口框架 ③机床和工具技术 ④传感器和控制技术	

四、先进制造技术涵盖的领域

先进制造技术横跨多个学科，并组成一个有机整体，大致可以分为以下几个方面：

1. 现代设计技术　现代设计技术分为并行设计、系统设计、功能设计、模块化设计、价值工程、质量功能配置、模糊设计、工业造型设计、绿色设计、面向对象的设计、反求工程、计算机辅助设计技术、性能优良设计基础技术、竞争优势创建技术、全寿命周期设计、设计试验技术等。

2. 先进制造工艺　先进制造工艺分为精密洁净铸造成型工艺、精确高效塑性成型工艺、优质高效焊接及切割技术、优质低耗洁净热处理技术、高效高精机械加工工艺、现代特种加工工艺、新型材料成型与加工工艺、优质清洁表面工程技术、快速原型制造技术、虚拟制造技术等。

3. 制造自动化技术　制造自动化技术分为数控技术、工业机器人制造技术、柔性制造技术、计算机集成制造技术、传感技术、自动检测及信号识别技术、过程设备工况监测与控制技术等。

4. 先进制造模式和管理技术　先进制造模式分为并行工程、敏捷制造技术、精益生产、智能制造、绿色制造等；管理技术分为物料需求计划和制造资源计划、企业资源规划、准时生产等。

五、先进制造技术的特点

先进制造技术与传统制造技术比较，具有以下特点：

（1）传统制造技术一般效率较低，资源消耗较多，对环境污染较大，综合成本较高；先进制造技术本质上就是为了克服传统制造技术的不足而发展的，其基础是优质、高效、低耗、污染小的加工工艺。

（2）先进制造技术覆盖了从产品设计、加工制造到产品销售、使用、维修和回收的整个过程，研究的范围更为广泛；而传统制造技术一般局限于加工制造过程的工艺方法。

（3）先进制造技术向超微细领域扩展，如微型机械、微米（纳米）加工的发展要求用更新、更广的知识来解决这一领域的新课题；而传统制造技术难以或无法解决。

（4）先进制造技术是各专业、学科、技术之间不断交叉、融合，形成的综合、集成的新技术；而传统制造技术的学科、专业单一，界限分明。

（5）制造国际化是先进制造技术发展的必然趋势。例如，基于虚拟制造技术可以实现制造企业在全球范围内的重组和集成；而传统制造企业无法实现。

（6）先进制造技术与生产管理统一。先进制造技术的改进带动了管理模式的改进，而先进的管理模式推动了先进制造技术的应用。

（7）先进制造技术特别强调人的主体作用，强调人、技术与管理三者的有机结合。

总之，先进制造技术具有精密化、柔性化、网络化、虚拟化、智能化、清洁化、集成化、全球化等特点。

六、我国制造业发展规划

制造业是国民经济的主体，是立国之本、兴国之器、强国之基。18 世纪中叶开启工业文明以来，世界强国的兴衰史和中华民族的奋斗史一再证明，没有强大的制造业，就没有国家和民族的强盛。打造具有国际竞争力的制造业，是我国提升综合国力、保障国家安全、建设世界强国的必由之路。

新中国成立尤其是改革开放以来，我国制造业持续快速发展，建成了门类齐全、独立完整的产业体系，有力推动工业化和现代化进程，显著增强了综合国力，支撑起世界大国地位。然而，与世界先进水平相比，我国制造业仍然大而不强，在自主创新能力、资源利用效率、产业结构水平、信息化程度、质量效益等方面差距明显，转型升级和跨越发展的任务紧迫而艰巨。

当前，新一轮科技革命和产业变革与我国加快转变经济发展方式发生历史性交汇，国际产业分工格局正在重塑。必须紧紧抓住这一重大历史机遇，实施制造强国战略，加强统筹规划和前瞻部署，力争通过三个十年的努力，到新中国成立一百年时，把我国建设成为引领世界制造业发展的制造强国，为实现中华民族伟大复兴的中国梦打下坚实基础。

2015 年 5 月，国务院印发《中国制造 2025》，是我国实施制造强国战略第一个十年的行动纲领。立足国情，立足现实，力争通过"三步走"实现制造强国的战略目标。发展要点及内容如表 1-6 所示。

第一步：力争用十年时间，迈入制造强国行列。

到 2020 年，基本实现工业化，制造业大国地位进一步巩固，制造业信息化水平大幅提升。掌握一批重点领域关键核心技术，优势领域竞争力进一步增强，产品质量有较大提高。制造业数字化、网络化、智能化取得明显进展。重点行业单位工业增加值能耗、物耗及污染物排放明显下降。

到 2025 年，制造业整体素质大幅提升，创新能力显著增强，全员劳动生产率明显提高，"两化"（工业化和信息化）融合迈上新台阶。重点行业单位工业增加值能耗、物耗及污染物排放达到世界先进水平。形成一批具有较强国际竞争力的跨国公司和产业集群，在全球产业分工和价值链中的地位明显提升。

第二步：到 2035 年，我国制造业整体达到世界制造强国阵营中等水平。创新能力大幅提升，重点领域发展取得重大突破，整体竞争力明显增强，优势行业形成全球创新引领能力，全面实现工业化。

第三步：新中国成立一百年时，制造业大国地位更加巩固，综合实力进入世界制造强国前列。制造业主要领域具有创新引领能力和明显竞争优势，建成全球领先的技术体系和产业体系。

表 1-6　发展要点及内容

要点	内容
突出特点	推进信息化与工业化深度融合
	强化工业基础能力
	加强质量品牌建设
	全面推行绿色制造
五大工程	国家制造业创新中心建设工程
	智能制造工程
	工业强基工程
	绿色制造工程
	高端装备创新工程
十大重点领域	新一代信息技术产业
	高档数控机床和机器人
	航空航天装备
	海洋工程装备及高技术船舶
	先进轨道交通装备
	节能与新能源汽车
	电力装备
	农机装备
	新材料
	生物医药及高性能医疗器械

七、先进制造技术的发展趋势

1. 先进制造技术向超精微细领域扩展　微型机械、纳米测量、微米/纳米加工制造的发展使制造工程科学的内容和范围进一步扩大，要求用更新、更广的知识来解决这一领域的新课题。

2. 制造过程的集成化　制造过程的集成化使产品的加工、检测、物流、装配过程走向一体化。计算机辅助设计、计算机辅助工程、计算机辅助制造的出现，使设计、制造成为一体；精密成型技术的发展，使热加工可直接提供接近最终形状、尺寸的零件，它与磨削加工相结合，有可能覆盖大部分零件的加工，淡化了冷、热加工的界限；机器人加工工作站及柔性制造系统的出现，使加工过程、检测过程、物流过程融为一体；现代制造系统使得自动化技术与传统工艺密不可分；很多新型材料的配制与成型是同时完成的，很难划清材料应用与制造技术的界限。这种趋势表现在生产上使专业车间的概念逐渐淡化，将多种不同专业的技术集成在一台设备、一条生产线、一个工段或车间里的生产方式逐渐增多。

3. 制造科学与制造技术、生产管理的融合　制造科学是对制造系统和制造过程知识的系统描述。它包括制造系统和制造过程的数学描述、仿真和优化，设计理论与方法涉及相关的机构运动学和动力学、结构强度学、摩擦学等。事实证明，技术和管理是制造系统的两个轮子，与生产模式结合在一起，推动着制造系统向前运动。在计算机集成制造系统、敏捷制造、虚拟制造等模式中，管理策略和方法是这些新生产模式的灵魂。

4. 绿色制造将成为制造业的重要特征　绿色制造是一种现代制造模式，其目标是使产品在设计、制造、包装、运输、使用到报废处理的整个生命周期中，对环境的负面影响最小、资源利用率最高，并使企业经济效益和社会效益最高。在环境与资源的约束下，绿色制造业显得越来越重要，它是21世纪制造业的重要特征，并将获得快速的发展。主要体现在绿色产品设计技术、绿色制造技术、产品的回收和循环再制造技术。

5. 虚拟现实技术在制造业中获得越来越多的应用　虚拟现实技术主要包括虚拟制造技术和虚拟企业两个部分。虚拟制造技术将从根本上改变基于设计、试制、修改设计、组织生产过程的传统制造模式。利用虚拟制造技术可以实现虚拟产品代替真实产品进行试验，对其性能和可制造性进行预测和评价，从而缩短产品的设计与制造周期，降低产品的开发成本，提高企业快速响应市场变化的能力。

虚拟企业则是为了快速响应某一市场需求，通过信息高速公路，将产品涉及的不同企业临时组建成为一个没有围墙、超越空间约束、靠计算机网络联系、统一指挥的合作经济实体。

6. 制造全球化　先进制造技术的竞争正在导致制造业在全球范围内的重新分布和组合，新的制造模式将不断出现，更加强调实现优质、高效、低耗、清洁、灵活的生产。随着制造产品、市场的国际化，国际竞争与协作氛围的形成，制造国际化是发展的必然趋势。

学习效果评价

完成本任务学习后，进行学习效果评价，如表1-7所示。

表1-7　学习效果评价

班级		学号		姓名		成绩	
任务名称							
评价内容				配分		得分	
能够描述先进制造技术产生的背景和概念				20			
能够描述先进制造技术体系结构				20			
能够描述先进制造技术涵盖领域及发展趋势				20			
能够描述先进制造技术特点				20			
学习的主动性				5			
独立总结的能力				5			
学习方法的正确性				5			
团队合作能力				5			
总分				100			
建议							

延伸阅读

周东红：用生命赓续传统

常年与水打交道，即使是在最寒冷的冬天，为了保持手感也要把一双赤裸的手伸入冰冷的山泉水中；每天弯腰、转身、跨步，把一套动作重复上千遍，这就是周东红的工作状态。

周东红是中国宣纸股份有限公司职工、高级技师。周东红保持着一个令人敬畏的纪录：30 年来，年均完成生产任务 145.54％。这个数字意味着每天至少需要在纸槽边站上12 个小时以上，意味着常年需要在凌晨 4 点就进入工作岗位，到下午 5 点才能离开。他的手由于长年累月浸泡在水里，烂了又烂。30 年来，他到底加了多少班，只有周东红自己知道，只有他的手知道。

周东红的另一个纪录同样令人敬畏：30 年来，保持着成品率 100％、产品对路率97％的突出纪录，两项指标分别超国家标准 8 个百分点和 5 个百分点。作为技术骨干，周东红参与了宣纸邮票纸的生产试制，为我国成功发行宣纸材质邮票奠定了基础，填补了邮票史的一项空白。宣纸生产中，带徒弟是个费心费力的活，所以一般的捞纸师傅一辈子最多带五六个徒弟，而 30 年来，周东红先后带了 20 多名徒弟。2015 年，周东红获得全国劳动模范称号。

对宣纸事业的热爱，让周东红在创新的路上不停歇，用自己的努力让中华传统文化得以赓续，他觉得这是比自己生命还重要的东西。

？ 思考题

1. 什么是制造、制造系统、制造技术及制造业？
2. 简述制造业的发展阶段及其特点。
3. 简述制造业的发展趋势，结合自己的认识，谈谈对制造业发展的展望。
4. 什么是先进制造技术？其特点有哪些？
5. 先进制造技术可以分为哪些方面？
6. 先进制造技术的发展趋势是什么？先进制造技术的出现与发展对社会进步有哪些积极影响？

项目二 ////////////////////////
计算机辅助设计与制造技术应用

任务一　CAD/CAM 认知

学习目标

1. 掌握 CAD/CAM 的基本概念和 CAD/CAM 系统的工作过程。
2. 掌握 CAD/CAM 系统的组成。

思政目标

培养爱岗敬业精神和团结合作精神。

相关知识

计算机辅助设计与制造（简称 CAD/CAM）技术，产生于 20 世纪 50 年代后期。随着计算机硬件、软件技术和其他材料学技术的进步与发展，CAD/CAM 技术日趋完善，它的应用范围也不断扩大。计算机辅助设计与制造技术已被广泛应用于数值计算、工程绘图、工程信息管理、生产控制等过程中，已遍及电子、机械、船舶、航空、汽车、建筑、纺织、轻工等行业，CAD/CAM 技术对传统产业的改造，新兴产业的发展、设计与制造信息自动化水平的提升，劳动生产率的提高，企业市场竞争能力的增强等产生了巨大的影响。CAD/CAM 技术的发展与应用，彻底改变了传统的设计与制造方式，将现代工业中的设计和制造技术带到了一个崭新的阶段。

一、CAD/CAM 的基本概念

CAD/CAM 技术是一项利用计算机协助人完成产品设计与制造的现代技术，CAD/CAM 技术是传统设计与制造技术与计算机技术的有机结合，它将传统设计与制造彼此相对分离的任务合成一个整体来规划和开发，实现信息处理的高度一体化。

计算机辅助设计（computer aided design，CAD）是指工程技术人员以计算机为辅助工具，完成产品设计构思和论证，产品总体设计，技术设计，零部件设计，有关零件的强度、刚度、热、电、磁的分析计算和绘图等工作，它表示了在产品设计和开发时直接或间接使用计算机的活动总和。

计算机辅助工艺设计（computer aided process planning，CAPP）是指根据产品设计结果进行产品的加工方法和制造过程的设计，通常包括毛坯设计、加工方法选择、工序设计、工艺路线制定和工时定额计算等，其中工序设计又包含加工设备和工装的选用、加工余量的分配、切削用量选择以及机床与刀具的选择、必要的工序图生成等。

计算机辅助制造（computer aided manufacturing，CAM）是指计算机在制造领域有关应用的统称，它又可分为广义 CAM 和狭义 CAM。广义 CAM 一般是指利用计算机辅助完成从毛坯到产品制造过程的直接和间接的各种活动，包括工艺准备、生产作业计划、物流过程的运行控制、生产控制、质量控制等；狭义的 CAM 通常指工艺准备，或者是将其中某些或某个活动应用到计算机。在 CAD/CAM 系统中，CAM 通常指计算机辅助数控加工程序的编制，包括刀具路径规则制定、刀位文件生成、刀具轨迹仿真、NC 代码生成等。

CAM 所需的信息和数据很多来自 CAD 和 CAPP，许多数据和信息对 CAD、CAPP 和 CAM 来说是共享的，将 CAD、CAPP 和 CAM 作为一个整体来规划和开发，使各个不同功能模块有机地结合在一起，实现数据和信息相互传递和共享，这就是 CAD/CAM 集成系统。集成化的 CAD/CAM 系统借助公共的工程数据、网络通信技术以及标准格式的中性文件接口，把分散于机型各异的计算机中 CAD/CAM 模块高度集成起来，实现软、硬件资源共享，保证系统内信息流动的畅通无阻。

随着信息技术的不断发展，为使计算机辅助技术给企业带来更大的效益，人们提出了要将企业内所有分散的信息系统进行集成，不仅包括生产信息，还包括生产管理过程所需的全部信息，从而构成一个计算机集成制造系统（computer integrated manufacturing system，CIMS），而 CAD/CAM 集成技术则是计算机集成制造系统的一项核心技术。

二、CAD/CAM 系统的工作过程

CAD/CAM 系统是设计、制造过程中的信息处理系统。它需要对产品设计、制造全过程的信息进行处理，包括设计、制造中的数值计算、设计分析、三维造型、工程绘图、工程数据库的管理、工艺分析、NC 自动编程、加工仿真等方面。CAD/CAM 系统充分利用了计算机高效准确的计算功能、图形处理功能以及复杂工程数据的储存、传递、加工功能，在运行过程中，结合操作人员的经验、知识及创造性，形成一人一机交互、各取所长、紧密配合的系统。CAD/CAM 系统输入的是设计要求，输出的是制造加工信息，一个较为完整的 CAD/CAM 系统的工作过程如图 2-1 所示，主要包括以下几个方面：

（1）通过市场需求调查以及用户对产品性能的要求，向 CAD 系统输入设计要求，在 CAD 系统中首先进行设计方案的分析和选择，根据设计要求建立产品模型，包括几何模型和材料处理、制造精度等非几何模型，并将所建模型储存于系统的数据库中。

（2）利用 CAD 系统应用程序库中已编制的各种应用程序，对产品模型进行设计计算和优化分析，确定设计方案及产品零部件的主要参数，同时，调用系统中的图形库，将设计的初步结果以图形的形式输出在显示器上。

（3）通过 CAD 系统程序库对产品进行工程分析、物性分析、运动仿真和装配仿真等。

（4）根据计算机显示的结果，设计人员对设计的初步结果做出判断，如果不满意，可以以人-机交互作业方式进行实时修改，直至满意为止。将修改后的产品设计模型存储在 CAD 系统的数据库中，并输出设计图纸和有关文档。

（5）CAM 系统从产品数据库中提取产品的设计制造信息，在分析其零件几何形状特点

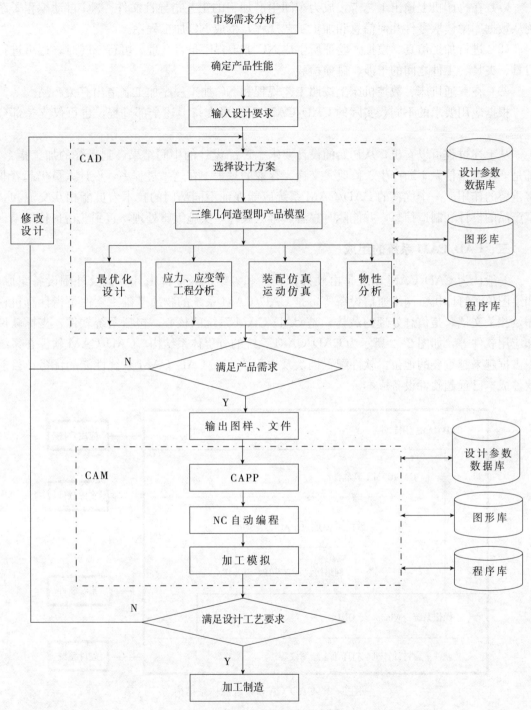

图 2-1　CAD/CAM 系统的工作过程

及有关技术要求后，对产品进行工艺规程设计，将工艺设计结果存入系统的数据库中，同时在屏幕上显示输出。

（6）工艺设计人员可以对工艺规程设计的结果进行分析、判断，并以人-机交互方式进行修改，最后以工艺卡片或数据接口文件的形式存入数据库，以供后续模块读取。

（7）在打印机上输出工艺卡，成为车间生产加工的工艺指导性文件。NC 自动编程子系统从数据库中读取零件几何信息和加工工艺规程，生成 NC 加工程序。

（8）进行加工仿真、模拟，验证所生成 NC 加工程序是否合理、可行。同时，还可进行刀具、夹具、工件之间的干涉、碰撞检验。

（9）在普通机床、数控机床上按照工艺规程和 NC 加工程序加工制造出有关产品。

根据应用要求的不同，实际的 CAD/CAM 系统可支持上述全部过程，也可仅支持部分过程。

从上述过程可以看出，从初始的设计要求、产品设计的中间结果，到最终的加工指令，都是产品数据信息不断产生、修改、交换、存取的过程。在这一过程中，设计人员仍起着非常重要的作用。一个优良的 CAD/CAM 系统应能保证不同部门的技术人员能相互交流和共享产品的设计和制造信息，并能随时察看、修改设计，实施编辑处理，直到获得最佳结果。

三、CAD/CAM 系统的组成

一般认为 CAD/CAM 系统是由硬件、软件和人组成。硬件由计算机及外围设备组成，如绘图仪、打印机、网络通信设备等，是 CAD/CAM 系统的物质基础。软件是指计算机程序及相关文档，是信息处理的载体，是 CAD/CAM 系统的核心，包括系统软件、支撑软件和应用软件等，如图 2-2 所示为 CAD/CAM 系统的分层体系结构。CAD/CAM 软件在系统中占据越来越重要的地位，软件配置档次及水平决定了 CAD/CAM 系统性能的优劣，目前软件成本已远超硬件设备成本。

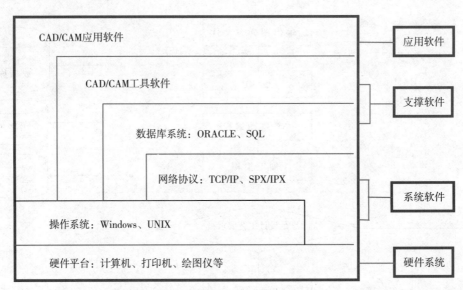

图 2-2　CAD/CAM 系统的体系结构

目前，CAD/CAM 系统基本采用人-机交互的工作方式，通过人机对话完成 CAD/CAM 系统的各种作业过程。CAD/CAM 系统的工作方式要求人与计算机密切合作，各自发挥自身的特长。计算机在信息的存取与检索、分析与计算、图形与文字处理等方面有着特有的优势，而设计策略、逻辑控制、信息组织以及经验和创造性方面，人占据主导地位，尤其在目前阶段，人还起着不可替代的作用。

（一）CAD/CAM 系统的硬件

CAD/CAM 系统的硬件主要包括计算机、外存储器、输入设备、输出设备、网络通信设备及生产设备等，如图 2-3 所示。

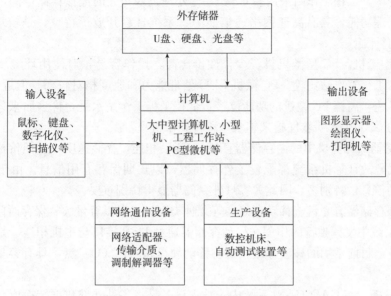

图 2-3　CAD/CAM 系统的硬件组成

1. 计算机　计算机是 CAD/CAM 系统硬件的核心，主要由中央处理器（CPU）、内存储器（简称内存）和输入/输出（I/O）接口组成。CPU 是计算机的"心脏"，通常由控制器和运算器组成。控制器的作用是使系统内各模块相互协调地工作，能够进行人机之间、计算机之间、计算机与各外部设备之间的信息传输和资源的调度，指挥系统中各功能模块执行各自的功能；而运算器执行程序指令所要求的计算和逻辑操作，输出数值计算和逻辑操作的结果。内存储器是 CPU 可以直接访问的存储单元，用于存储长驻的控制程序、用户指令和准备接受处理的数据。主机的 I/O 接口用于实现计算机与外界之间的通信联系。

计算机的处理能力一般取决于相应处理器的处理速度和字长。字长是指中央处理器在一个指令周期内从内存提取并处理的二进制数据的位数，字长有 8 位、16 位、32 位和 64 位等几种。数据处理速度表示每秒处理指令的平均数，即定点运算中加、减、乘、除运算次数的平均值。通常，字长越多，则计算速度越快，计算精度越高。

计算机的类型及性能很大程度上决定了 CAD/CAM 系统的使用性能，根据 CAD/CAM 系统的应用范围和相应软件的要求，可以选用大中型计算机、小型机、工程工作站和 PC 型微机。

（1）大中型计算机。一台主机带几台至几百台图形终端和字符终端及其他图形输入和输出设备。特点是资源共享能力强，有很强的计算能力和运算速度，可以从事复杂的设计计算和分析；缺点是投资大，如果主机出现故障，则整个系统就处于瘫痪状态等。因而，由大中型计算机构成的 CAD/CAM 系统在逐渐减少。

（2）小型机。小型机性价比优于大中型计算机，在 20 世纪 70 年代末和 80 年代初发展较快，到了 20 世纪 80 年代中期，小型机逐渐被性价比更好的工程工作站所代替。小型机系统一般适用于大、中型设计部门。

（3）工程工作站。这是一种介于 PC 型微机和小型机之间的系统，它的基础是高性能超级微机。由于采用了分布式超级微机网络，使它的总体性能达到小型机的要求，但它的价格却比后者低得多。工程工作站采用多 CPU 并行处理技术和大的虚拟存储空间，具有强大的图形显示和处理功能，具有高速网络通信能力、系统日趋开放等特点，是较理想的 CAD/CAM 系统硬件平台。

（4）PC 型微机。PC 型微机投资少，性价比高，操作容易，对使用环境要求低，应用软件丰富。与工程工作站比较，PC 微机 CPU 处理能力和速度相对较弱。但近年来，PC 微机发展异常迅速，高档 PC 微机的功能已接近低档工程工作站水平，许多原来只能在工程工作站上运行的 CAD/CAM 软件越来越多地移植到微机平台。

2. 外存储器　计算机中的内存储器直接与 CPU 相连，存储速度快，但价格高，且断电后信息即丢失，故计算机系统都配置了外存储器，以长期保存有用信息。由于 CAD/CAM 系统要处理的信息量特别多，因此大容量外存储器显得特别重要。

常用的外存储器有光盘、移动存储器等几种类型。光盘以容量大、保存时间长等特点在 CAD/CAM 系统中发挥独特的作用。移动存储器通过 USB 接口与主机相连，是可以脱机保存的存储设备，目前常用的移动存储设备有移动硬盘和闪存（U）盘，具有容量大、使用方便等特点。

3. 输入设备　在 CAD/CAM 系统中，输入设备是将各种外部数据转换成计算机内部能识别的电脉冲信号的设备。输入设备是人与计算机进行通信的重要设备，通过它可实现交互式操作。常用的输入设备有键盘、鼠标、数字化仪、图形扫描仪及其他输入设备等。

（1）键盘。键盘是最常用的输入设备。通过键盘，用户可以将设计所需要的各种参数、命令以及字符输入计算机中。但键盘输入速度慢，单靠键盘完成交互式作业是远远不够的。

（2）鼠标。鼠标是一种常用的手动输入屏幕指示装置，通过它可将运动值转化为数字量，确定运动的距离和方向，进行定位工作。鼠标操作简单、使用方便、价格便宜，是 CAD/CAM 系统普遍采用的输入设备之一。鼠标在工作原理上分为机械式和光电式两种，前者是通过底部的滚动球和传感机构控制屏幕光标的移动，后者则通过光电传感器和栅格形铅板相对滑动达到控制光标移动的目的。鼠标的正面有 2～3 个按键，在 CAD/CAM 系统中，鼠标的左键、中键和右键都被赋予了特殊的用途。

（3）数字化仪。数字化仪又称图形输入板，是一种将图形信息转换成数字信息的装置。数字化仪的基本构成是一块输入平板和一个可在平板上移动的游标器或感应触笔（图 2-4）。数字化仪按其工作原理可分为电磁感应式、超声波式、静电耦合式等类型。在使用时，把游标器移动到指定位置，按下游标器的按钮，发出信号，输入平板接收信号并产生相应的坐标代码，即可将该点的坐标输入计算机或选择该位置的功能菜单。目

图 2-4　数字化仪

前数字化仪逐渐被扫描仪所取代。

（4）扫描仪。扫描仪是通过光电阅读装置直接把图形（如工程图纸）或图像（如照片、广告画）扫描输入到计算机中，以像素信息进行存储的设备。它一般包括扫描头、主板、机械结构和附件4个部分。按其所支持的颜色分类，可分为单色扫描仪和彩色扫描仪；按所采用的固态器件又可分为电荷耦合器件（CCD）扫描仪、MOS电路扫描仪、紧贴型扫描仪等；按扫描宽度和操作方式可分为大型扫描仪、台式扫描仪和手动扫描仪。

目前的扫描仪有各种各样的扫描输入系统，根据对扫描图形性质的不同要求可分为两类：一类输出的是光栅图像；另一类输出的是矢量化图形。对于后一类扫描系统，图形必须经过矢量化处理。图形的矢量化处理是将点阵图像文件所表示的线条和符号识别出来，以直线、圆弧、圆以及矢量字符的矢量信息形式代替原点阵图像信息。该系统在工作时，首先用扫描仪扫描图纸，得到一个光栅文件，然后进行矢量化处理，将其变成二进制矢量文件，随后再针对某种CAD/CAM系统，进行矢量文件的格式转换，变成该CAD/CAM系统可接收的文件格式，最后输出矢量图。如图2-5所示为这类系统的工作流程图。该系统可以快速地将大量图纸输入计算机，节省大量人力与时间，成为备受欢迎的新一代输入设备。

图2-5 扫描仪工作流程

（5）其他输入设备。其他输入设备有数码相机、光笔、操纵杆等。

4. 输出设备 输出设备是将计算机处理后的数据转换成用户所需形式的设备。CAD/CAM系统常用的输出设备有图形显示器、打印机、绘图仪和其他输出设备。

（1）图形显示器。图形显示器是CAD/CAM系统不可缺少的基本装置之一，用于文字和图形信息的显示。

目前，图形显示器采用的显示器件有标准阴极射线管（CRT）显示器、液晶显示器（LCD）、激光显示器和等离子显示器等。常用的显示器是阴极射线管显示器和液晶显示器。阴极射线管显示器采用阴极线管技术，依靠电子信号控制荧光屏上的光标传输信息，通过感光方法实现信息的高速传递，使实时人机对话的实现成为可能。它可分为随机扫描刷新式显示器、存储管式显示器及光扫描式显示器。目前PC机及其他计算机上使用最普遍的显示器是光栅扫描式显示器。液晶显示器通常是利用液晶分子的排列方式发生变化，从而使液晶晶盒的光学性质发生变化，即通过液晶对光进行调剂实现显示，液晶显示器和等离子显示器的体积小、功耗小，主要用于笔记本式的计算机。

（2）打印机。打印机以打印文字为主，也能输出图形，是最廉价的输出设备，按工作方式可分为击打式和转打式两种。最典型的击打式打印机为针式打印机，其打印头分别有9针、24针、32针等几类，由计算机控制每个针头的击打，通过色带将所需输出的信息打印在纸上。由于针式打印机工作噪声大、分辨率低，常用于打印文本和图纸质量要求不高的场合。非击打式打印机包括喷墨打印机和激光打印机。由于这类打印机打印速度快、质量好、噪声低等优点，目前在CAD/CAM系统中应用最广。

（3）绘图仪。绘图仪用于大型图形绘制，是一种高速、高精度的图形输出装置，有笔式、喷墨式和激光式多种形式。目前在 CAD/CAM 系统中常用的是喷墨式绘图仪。

喷墨式绘图仪实质上就是一台大幅面的喷墨打印机，它是利用特制的换能器将带电的墨水泵出，通过聚焦系统将墨水滴微粒聚成一条射线，由偏转系统控制喷嘴在图纸上扫描，形成浓淡不一的各种单色或彩色图形。喷墨式绘图仪的外形如图 2-6 所示。喷墨式绘图仪的机械结构一般由喷头和墨盒、清洁单元、小车单元、送纸单元、传感器单元及辅助单元组成。喷墨式绘图仪具有清晰度高、速度快、工作可靠、噪声小、价格低以及容易绘出不同浓淡的彩色图形与图像等优点。

图 2-6 喷墨式绘图仪

（4）其他输出设备。其他输出设备有影像输出设备、语音输出设备和硬拷贝机等。

5. 网络通信设备 一般包括网络适配器、传输介质和调制解调器。

（1）网络适配器。网络适配器称为网卡，它将计算机内信息保存的格式与网络线缆发送或接受的格式进行双向变换，控制信息传递及网络通信。典型网卡基本上是由接口控制电路、数据缓冲器、数据链路控制器，编码/译码器、内收发器及介质接口装置 6 个部分组成。为实现网络通信，网络中的每个网络节点都需要装有网卡。网卡是网络通信的关键部件之一，其质量和兼容性的好坏直接影响网络的质量。

（2）传输介质。传输介质是指通信线路，网络传输介质主要有双纹线、同轴电缆和光缆等。

（3）调制解调器。调制解调器适用于将数字信号变成模拟信号或把模拟信号变为数字信号，是利用电话拨号上网的接口设备。利用网卡、传输介质及调制解调器可以组建成小型局域网，但为了提高网络性能，还可根据具体情况选用集线器（hub）、路由器（router）、网关（gateway）等互联设备。

6. 生产设备 除了上述介绍的基本配置外，对于一个功能完整的 CAD/CAM 系统，还应配置数控机床、自动测试装置等生产设备。

（二）CAD/CAM 系统的软件

CAD/CAM 系统的软件是 CAD/CAM 技术的关键，软件水平的高低决定了系统效率和使用的方便性。目前，随着 CAD/CAM 系统功能越来越复杂，软件成本所占的比重越来越大，软件在 CAD/CAM 系统中占有的地位也越来越重。不同的 CAD/CAM 系统，对软件的要求各有不同，这些软件的开发设计一般需要计算机的软件人员和专业领域的设计人员密切合作，CAD/CAM 软件系统层次结构关系如图 2-7 所示。

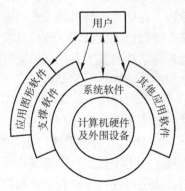

图 2-7 CAD/CAM 软件系统层次结构关系

1. 系统软件 系统软件主要用于计算机的管理、维护、控制及运行，以及计算机程序的翻译、载入及运行。系统软件主要包括以下几类：

（1）操作系统。操作系统是计算机的最底层软件，负责对计算机系统内所有软件和硬件资源进行监控和调度，使之协调一致高效率运行。操作系统的任务包括 CPU 作业管理、内存分配管理、输入输出装置管理、磁盘文件管理等内容。操作系统的种类很多，用于小型机的有 UNIX、Windows、Linux 等；用于微机的操作系统比较多，常用的有 UNIX、Windows 等。

（2）语言编译系统与图形接口标准。语言编译系统是将高级语言翻译成计算机能够直接执行的机器指令的软件工具。有了编译系统，用户就可以应用接近于人类自然语言和数学语言的方式来编写程序，而编译成机器指令的工作由编译系统去完成，目前 CAD/CAM 系统应用得最多的计算机高级语言有 C/C++ \ BASIC \ Java、PASCAL、COBOL 等。

为实现图形在计算机设备进行输出，必须向高级语言提供相应的接口程序。初始的图形接口依赖所用的编译系统，为了统一不同硬件和操作系统环境下图形接口软件模块的开发，先后出现了 GKS、GKS-3D、PHICS GL/OpenGL 等图形接口标准，利用这些标准所提供的接口函数应用程序可以方便地输出二维和三维图形。

2. 支撑软件　支撑软件是 CAD/CAM 系统的核心，是为满足 CAD/CAM 工作中一些用户共同需要而开发的共用软件。目前，支撑软件都是商品化软件，一般由专门的软件开发公司开发。用户在组建 CAD/CAM 系统时，要根据使用要求来选购配套的支撑软件，形成相应的开发环境。由于计算应用领域迅速扩大，支撑软件开发研制有很大的进展，商品化支撑软件层出不穷。其中通用的软件可分为下列几类：

（1）工程分析软件。这类软件主要用来解决工程设计中各种数值计算问题，包括常用的数学方法程序编制软件、有限元法结构分析软件、优化设计软件、机构动态分析软件、仿真模拟软件等，其中较流行的有 ANSYS、NASTRAN 以及大型动力学分析软件 ADAMS 等。

（2）图形支撑软件系统。它又可分为图形处理语言及交互式绘图软件。图形处理语言通常是以子程序或指令形式提供的一套绘图语句，供用户在以高级程序语言编程时调用，如 BASIC 语言、C 语言、Fortran 语言等语言中的画线、画圆等指令。交互式绘图软件可用人-机交互形式进行产品造型、图形编辑、尺寸标注等图形处理工作，具有尺寸驱动的参数化绘图功能，有较完备的机械标准件参数化图库。这些软件比较多，仅用于微机上的就有 AutoCAD、CADKEY、MicroCAD 等，它们都具有二维绘图功能。此外，还有三维实体建模软件，如 Pro/E、UG、CATIA、I-DEAS、SolidWorks 等。

（3）数据库管理系统。数据库管理系统是在操作系统基础上建立的操纵和管理数据的软件。数据库管理系统为 CAD/CAM 系统提供了数据资源共享、保证数据安全及减少数据量等功能。数据库管理系统中常用的数据模型主要有层次模型、网状模型和关系式模型，CAD/CAM 系统的集成化程度主要取决于数据库的水平。比较流行的数据库管理系统有 FoxPro、Oracle、Ingres、Sybase、Access 等。

（4）计算机网络工作软件。计算机网络工作软件包括服务器操作系统、文件管理软件及通信软件等，应用这些软件可进行网络文件系统管理、存储器管理、任务调度、用户间通信及软硬件资源共享等工作。

目前应用较为广泛的网络工作软件有 Windows Server 系列、NetWare、UNIX 和 Linux 等。

3. 应用软件　应用软件是在系统软件、支撑软件的基础上，针对某一个专门应用领域而研制的软件。这类软件通常需要用户结合自己设计的任务自行研制开发，此项工作又称为"二次开发"。应用软件类型多、内容丰富，是企业在 CAD/CAM 系统建设中研究开发应用投入最多的方面，如模具设计软件、组合机床设计软件、电气设计软件、机械零件设计软件以及汽车、船舶、飞机设计与制造专用软件等。需要说明的是，应用软件和支撑软件之间并没有本质的区别，当某一行业的应用软件逐步商品化形成通用软件产品时，它也可以称为支撑软件。

学习效果评价

完成本任务学习后，进行学习效果评价，如表 2-1 所示。

表 2-1　学习效果评价

班级		学号		姓名		成绩	
任务名称							
评价内容			配分		得分		
能够描述 CAD/CAM 的基本概念			20				
能够描述 CAD/CAM 系统的工作过程			20				
能够描述 CAD/CAM 系统的硬件组成			20				
能够描述 CAD/CAM 系统的软件组成			20				
学习的主动性			5				
独立解决问题的能力			5				
学习方法的正确性			5				
团队合作能力			5				
总分			100				
建议							

任务二　计算机辅助设计技术应用

学习目标

1. 了解 CAD 系统的基本功能和类型。
2. 掌握几何建模的方法。
3. 掌握特征建模的方法。

思政目标

培养吃苦耐劳精神和创新精神。

相关知识

CAD 系统是 CAD/CAM 集成系统中研究最深入、应用最广泛、发展最迅速的部分。CAD 是一个综合的概念，它表示了在产品设计和开发时直接或间接使用计算机的活动总和，主要是利用计算机完成整个产品设计的过程。CAD 技术能充分运用计算机高速运算和快速绘图的强大功能为工程设计及产品设计服务，因而发展迅速，目前已获得了广泛应用。

一、CAD 系统的基本功能

CAD 系统一般应具有以下基本功能：绘图、计算、提供模板、制作面向设计用部件构成表、制作设计文件、生成与 CAPP 和 NC 等的接口信息、设计验证、设计更改控制、设计复审及图样修改等。

二、CAD 系统的类型

CAD 系统按其工作方式和功能特征可大致分为参数型、派生型、交互型与智能型等几种类型。

1. 参数型 CAD 系统 参数型 CAD 系统主要用于系列化、通用化和标准化程度较高的企业，由于产品的结构相对固定，企业产品的设计只是根据客户的订货要求对产品的尺寸进行修改，或对产品的结构进行适当的调整而形成不同规格的产品，如电动机、汽轮机、鼓风机、组合机床、变压器等。

参数型 CAD 系统操作比较方便，一般是针对某类产品的 CAD 系统，专用性强、运行效率高，缺点是适应性较差。

2. 派生型 CAD 系统 派生型 CAD 系统是在成组技术基础上建立的，按照被设计对象的结构相似性，用分类编码的方法将零件分为若干零件族，通过对零件族内所有零件进行分析，归结出一个"典型零件"。该典型零件将零件族所有零件的功能集于一身，对每个功能结构进行参数化处理，建立相应的数据库、参数化特征和典型零件图形库，便构成了一个派生型 CAD 系统。采用成组方法建立的派生型 CAD 系统是按零件编码进行分类管理的，使用时可根据待设计件特征取得其成组编码，由编码确定设计零件属于哪类零件族，然后在系统图形库中调用各族典型零件，如有需要还可对图形进行必要的修改，直至完全满足设计要求为止。派生型 CAD 系统可以较为方便地完成相似结构产品的设计，其运用范围较参数型 CAD 系统要广。

3. 交互型 CAD 系统 交互型 CAD 系统是目前计算机辅助设计系统较为完善的一种形式。它由设计者描绘、设计产品模型，并由计算机对有关产品的大量资料进行检索，由计算机对有关数据和公式进行运算，设计者在运算结果的基础上，通过图形输入设备和人-机对话语言直接对图形进行实时修改。这种通过人-机交互作用完成对话式的反复作业过程的系统，称为交互型 CAD 系统。

交互型 CAD 系统的专用性相对减少，具有应用广泛、功能灵活的特点，能应用于较大范围的机械产品的设计。但设计效率不如参数型和派生型 CAD 系统高，它过多地依赖于人的判断和经验，设计标准化程度低。

4. 智能型 CAD 系统 智能型 CAD 系统是将专家系统技术与 CAD 技术融为一体而建立起来的系统。专家系统是以知识为基础的智能化推理系统，它不同于通常的问题求解系统，其基本思想是使计算机的工作过程尽量模拟该领域专家解决实际问题的过程，即模拟该领域专家如何运用他们的知识去验证解决实际问题的方法和步骤。

在 CAD 系统中，专家系统主要应用于原理方案的设计、产品建模、分析优化、结构设计等方面，对于那些主要基于符号、推理和经验判断的作业均可以采用智能型 CAD 系统完成。

三、几何建模技术

1. 几何建模的概念　CAD/CAM 系统中的几何模型是把三维实体的几何形状及其属性用合适的数据结构进行描述的存储，供计算机进行信息转换与处理的数据模型。这种模型包含了三维形体的几何信息、拓扑信息以及其他的属性数据。而几何建模实际上就是用计算机及其图形系统来表示和构造形体的几何形状，建立计算机内部模型的过程。建立起计算机内部模型，然后对该模型进行操作处理，相比对物理模型进行操作具有更方便、快速、灵活和低价的特点。因而，几何建模技术是 CAD/CAM 系统中的关键技术，是实现 CAD、CAPP、CAM 技术集成的基础。

几何建模技术

在 CAD/CAM 系统中，三维几何造型是其技术核心。早期的 CAD 系统基本上显示的是二维图形，这种系统仅能满足单纯输出 CAD 工程图的需要，而将从二维图样到三维实体造型的转换工作留给了用户。从产品设计的角度看，通常在设计人员思维中首先建立起来的是产品真实的几何形状或实物模型，依据这个模型进行设计、分析、计算，最后通过投影以图样的形式表达设计的结果。因此，直接采用三维实体造型技术来构造设计对象模型不仅使设计过程直观、方便，同时也为后期的应用，如物性计算、工程分析、数控加工编程及模拟、三维装配运动仿真等各领域的应用提供了一个较好的产品数据化模型，对实现 CAD/CAM 技术的集成、保证产品数据的一致性和完整性提供了技术支持。

随着 CAD/CAM 技术的发展，CAD/CAM 所基于的几何模型也不断推陈出新，从最早的线框几何模型，发展到曲面几何模型，又到了现在的实体几何模型。实体模型能够包含较完整的形体几何信息和拓扑信息，已成为目前 CAD/CAM 建模的主流技术。

2. 三维几何建模技术　三维几何建模可分为线框建模、表面建模和实体建模 3 种主要类型（图 2 - 8）。

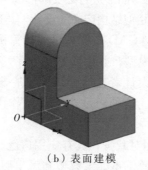
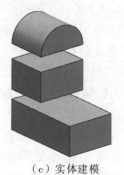

（a）线框建模　　　　　（b）表面建模　　　　　（c）实体建模

图 2 - 8　三维几何建模类型

（1）线框建模（wire frame modeling）。线框结构的几何模型是在 CAD/CAM 系统发展中最早用来表示形体的模型，其特点是结构简单、易于理解，是表面和实体建模的基础。

在这种建模系统中，三维实体仅通过顶点和棱边来描述形体的几何形状，线框模型的数据结构（图2-9）由一个顶点表（表2-2）和一个棱边表组成（表2-3），棱边表用来表示棱边和顶点的拓扑关系，顶点表用于记录各顶点的坐标值。

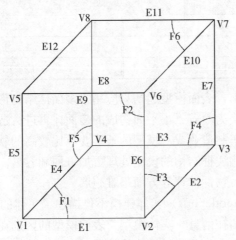

图 2-9 线框建模的数据结构

表 2-2 顶点表

顶点号	x	y	z	顶点号	x	y	z
V1	10	0	0	V5	10	0	8
V2	10	10	0	V6	10	10	8
V3	0	10	0	V7	0	10	8
V4	0	0	0	V8	0	0	8

表 2-3 棱边表

边号	边上端点号		边号	边上端点号		边号	边上端点号	
E1	V1	V2	E5	V1	V5	E9	V5	V6
E2	V2	V3	E6	V2	V6	E10	V6	V7
E3	V3	V4	E7	V3	V7	E11	V7	V8
E4	V4	V1	E8	V4	V8	E12	V8	V5

这种建模方法数据结构简单，信息量少，占用的内存空间小，对操作的响应速度快。利用线框模型，通过投影变换可以快速地生成三视图，生成任意视点和方向的透视图和轴测图，并能保证各视图间的正确关系。因而，线框建模至今仍得到普遍应用。在许多 CAD/CAM 的三维软件中，如 Autodesk 3D Studio、Microsoft Softimage 等所基于的模型就是线框建模的几何模型。但线框结构的几何模型在进行计算机图形学和 CAD/CAM 方面的进一步处理上有很多困难，如消隐、着色、干涉检测、加工处理等。

（2）表面建模（surface modeling）。表面建模是通过对物体各个表面或曲面进行描述的一种三维建模方法。表面建模的数据结构是在线框建模的基础上增加了面的有关信息和连接指针，除了顶点表和棱边表之外，还增加了面表结构（表2-4）。面表包含有构成面边界的棱边序列、方向、可见与不可见信息等。

表 2 - 4　面表结构

面号	构成面的编号	可见	面号	构成面的编号	可见
F1	E1、E2、E3、E4	N	F4	E3、E7、E11、E8	N
F2	E1、E6、E9、E5	Y	F5	E4、E8、E12、E5	N
F3	E2、E7、E10、E6	Y	F6	E9、E10、E11、E12	Y

从数据结构也可以看出，表面模型起初只应用于多面体结构形体，对于一些曲面形体必须先进行离散化，将之转换为由若干小平面构成的多面体再进行造型处理。曲面几何模型主要应用在航空、船舶和汽车制造业或对模型的外形要求比较高的软件中，且曲面几何模型在三维消隐、着色等技术中比线框结构的模型处理更加方便和容易。但曲面几何模型也有一些缺点，就是在有限元分析、物性计算等方面很难施展。

（3）实体建模（solid modeling）。实体建模不仅描述了实体的全部几何信息，而且定义了所有点、线、面、体的拓扑信息。实体模型与表面模型的区别在于：表面模型所描述的面是孤立的面，没有方向，没有与其他的面或体的关联；而实体模型提供了面和体之间的拓扑关系。利用实体建模系统可对实体信息进行全面完整地描述，能够实现消隐、剖切、有限元分析、数控加工、着色处理、光照处理、纹理处理、外形计算等各种处理和操作。

如何将现实的三维实体在计算机内构造并表示出来，是 CAD 作业时的一项首要任务。三维实体造型的方法有许多，常用的有体素法和扫描法。

①体素法。体素法是通过基本体素的集合运算构造几何实体的造型方法。每一基本体素是具有完整的几何信息及真实且唯一的三维物体。体素法包含两部分内容：一是基本体素的定义和描述，二是体素之间的集合运算。常用的基本体素有长方体、球、圆柱、圆锥、圆环、锥台等。描述体素时，除了定义体素的基本尺寸参数外（如长方体的长、宽、高，圆柱的直径、高等），为了准确描述基本体素在空间的位置和方位，还需定义基准点，以便正确地进行集合运算。体素之间的集合运算有交、并、差 3 种，如图 2 - 10 所示。

（a）基本体素　　　（b）差运算　　　（c）交运算　　　（d）并运算

图 2 - 10　体素法的集合运算

②扫描法。有些物体的表面形状较为复杂，难于通过定义基本体素加以描述，可以定义基体，利用基体的变形操作实现物体的造型，这种构造实体的方法称为扫描法。扫描法又可分为平面轮廓扫描和整体扫描两种。

平面轮廓扫描是一种与二维系统密切结合的方法。由于任一平面轮廓在空间平移一个距离或绕一固定的轴旋转都会扫描出一个实体，因此对于具有相同截面的零件实体来说，可预先定义一个封闭的截面轮廓，再定义该轮廓移动的轨迹或旋转的中心线、旋转角度，就可得到所需的实体，如图 2 - 11 所示。

整体扫描就是首先定义一个三维实体作为扫描基体，让此基体在空间运动，运动可以是沿某一方向的移动，也可以是绕某一轴线转动或绕某一点的转动，运动方式不同，生成的实体形状也不同，如图 2-12 所示。整体扫描法对于生产过程的干涉检验、运动分析等有很大的实用价值，尤其在数控加工中对于刀具轨迹的生成与检验方面更具有重要意义。

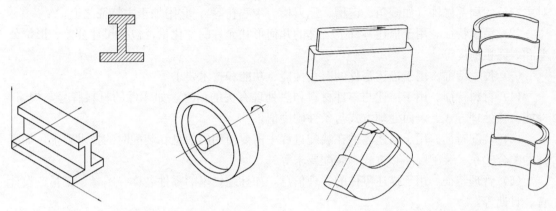

图 2-11　平面轮廓扫描法生成实体　　　　　　　　图 2-12　整体扫描法

概括地说，扫描变换需要 2 个外量：一个是被移动的基体，另一个是移动的路径。通过扫描变换可以生成某些用体素法难以定义和描述的物体模型。

由于三维实体建模能唯一、准确、完整地表达物体的形状，因而在设计与制造中广为应用，尤其是在对产品的描述、特性分析、运动分析、干涉检验以及有限元分析、加工过程模拟仿真等方面，已成为不可缺少的工序。

四、特征建模技术

1. 特征建模的概念　特征是指从工程对象中高度概括和抽象后得到的具有工程语义的功能要素，零件特征描述的是零件设计和制造等方面的信息。特征建模即通过特征及其集合来定义、描述零件模型的过程，用特征描述的产品信息模型具有形态、材料、功能、规则等内容。

2. 特征建模的作用　特征建模技术与几何建模技术相比较，具有以下作用：

（1）过去的 CAD 技术从二维绘图起步，经历了三维线框、表面和实体建模的发展阶段，都是着眼于完善产品的几何描述能力；而特征建模则是着眼于更好表达产品的完整的技术和生产管理信息，为建立产品的集成信息模型服务。它的目的是建立计算机可以理解和处理的统一产品模型，替代传统的产品设计和施工成套图纸以及技术文档，使得一个工程项目或机电产品的设计和生产准备各环节可以并行展开，信息流畅通。

（2）特征建模技术使产品设计工作在更高的层次上进行，设计人员的操作对象不再是原始的线条和体素，而是产品的功能要素，如螺纹孔、定位孔、键槽等。特征的引用直接体现设计意图，使得建立的产品模型容易理解和组织生产，设计的图样更容易修改。设计人员可以将更多精力用在创造性构思上。

（3）特征建模技术有助于加强产品设计、分析、工艺准备、加工、检验等各部门间的联系，更好地将产品的设计意图贯彻到各个后续环节并且及时得到后者的意见反馈，为开发新一代的基于统一产品信息模型的 CAD/CAPP/CAM 集成系统创造前提。

（4）特征建模技术有助于推动行业内的产品设计和工艺方法的规范化、标准化和系列化，以保证产品结构有更好的工艺性。

3. 特征的分类 特征一般可划分为如下几类：

（1）形状特征。用于描述具有一定工程意义的功能几何形状信息。形状特征又可分为主形状特征（简称主特征）和辅助特征。主特征用于构造零件的主体形状结构，辅助特征用于对主特征的局部修饰（如侧角、键槽、退刀槽、中心孔等），它附加于主特征之上。

（2）精度特征。用于描述零件上公称的几何形状允许的变化量，包括尺寸公差、形位公差和表面粗糙度等。

（3）技术特征。用于描述零件的有关性能、功能和技术要求等。

（4）材料特征。用于描述与零件材料和热处理有关的信息，如零件的材料牌号与规格、性能、热处理方式、表面处理方式与条件硬度值。

（5）装配特征。用于描述零件在装配过程中需要使用的信息和装配时的技术要求，如零件的配合关系、装配顺序和方式、装配要求等。

（6）管理特征。用于描述零件的管理信息，如标题栏里的零件名称、图号、批量、设计者、日期等。

在上述特征中，形状特征和精度特征是与零件建模直接相关的特征，而其他特征如管理特征、材料特征、装配特征等不直接参与零件的建模，但它们却也是实现 CAD/CAM 集成必不可少的。

4. 特征关系 在一个 CAD/CAM 系统中，对于通常的机械零件的常用特征，如孔、轴、槽等，应当建立一个特征类实例，各个特征之间、特征类和特征之间以及特征类之间存在着各种各样的关系，为了描述和特征建模的方便，我们把特征关系分为以下几类：

（1）相邻关系。相邻关系反映了主形状特征的空间相互位置关系。

（2）引用关系。描述特征类之间作为关联属性而相互引用的关系。引用关系主要存在于形状特征对精度特征、材料特征等的引用中，形状特征是其他被引用的非形状特征的载体。

（3）附属关系。当一个辅助特征从属于一个主特征或另一个辅助特征时，构成附属关系。

（4）分布关系。表示同一种特征以某种阵列方式排列所构成的关系。

5. 特征建模方法 特征建模的方法可分为交互式特征定义、特征自动识别和基于特征的设计 3 种，如图 2 - 13 所示。

（1）交互式特征定义。它是最简单的特征造型方法。它利用系统建立的几何模型，由用户直接通过图形交互拾取、定义特征几何所需要的几何要素，并将特征参数或精度、技术要求、材料热处理等信息作为属性添加到特征模型中。这种方法自动化程度低，产品数据难以实现共享，录入信息时易出错。

（2）特征自动识别。它通过事先开发的特征识别模块，将几何型中的数据与预先定义在库中的类特征数据进行比较，确定特征的具体类别及其他信息，建立零件的特征模型，从而实现零件的特征造型。这种方法难度大，目前复杂零件的特征识别尚难解决。

（3）基于特征的设计。以这种方法进行工程设计，从设计一开始，特征就体现在零件的模型中，这种方法直接用特征建立产品模型，而不是事后去识别特征。设计者在设计时，直接用特征定义零件几何体，即通过调用特征库中预定义的特征，经增加、删除、修改等操作建立零件特征模型。由于设计者直接面向特征进行建模，因此操作方便，并能较好地表达设计意图，这种方法所建立的特征模型具有丰富的工程语义信息，为后续应用提供了方便。

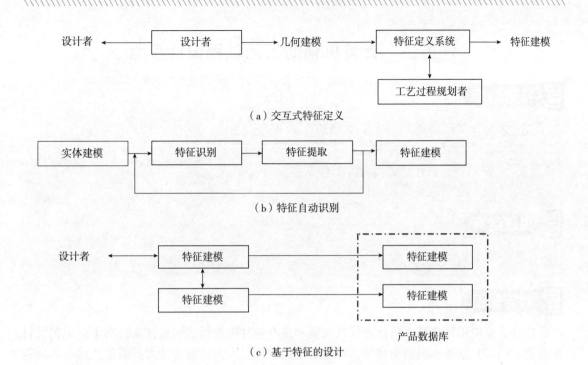

（a）交互式特征定义

（b）特征自动识别

（c）基于特征的设计

图 2‐13　特征建模方法

学习效果评价

完成本任务学习后，进行学习效果评价，如表 2‐5 所示。

表 2‐5　学习效果评价

班级		学号		姓名		成绩	
任务名称							
评价内容				配分		得分	
能够描述 CAD 系统的基本功能				20			
能够描述 CAD 系统的类型				20			
能够描述几何建模的方法				20			
能够描述特征建模的方法				20			
学习的主动性				5			
独立解决问题的能力				5			
学习方法的正确性				5			
团队合作能力				5			
总分				100			
建议							

任务三 计算机辅助工艺过程设计应用

相关知识

CAPP 是应用计算机快速处理信息功能和具有各种决策功能的软件来自动生成工艺文件的过程。CAPP 能迅速编制出完整而详尽的工艺文件，大大提高设计人员的工作效率，获得符合企业实际条件的优化工艺方案，给出合理的工时定额和材料消耗，并有助于对设计人员的宝贵经验进行总结和继承。CAPP 不仅能实现工艺设计自动化，还能把生产实践中行之有效的若干工艺设计原则及方法转换成工艺决策模型，并建立科学的决策逻辑，从而编制出最优的制造方案。CAPP 是连接 CAD 和 CAM 的桥梁，是实现 CAD/CAM 以及 CIMS 集成的一项重要技术。

CAPP 系统

一、CAPP 系统的功能及结构组成

1. CAPP 系统的功能 输入设计信息，选择工艺路线，决定工序、机床、刀具，决定切削用量，估算工时与成本，输出工艺文件以及向 CAM 提供零件加工所需的设备、工装、切削参数、夹装参数以及反映零件切削过程的刀具轨迹文件等。

2. CAPP 系统的结构组成 CAPP 系统的基本结构由五大部分组成：零件信息的获取模块、工艺决策模块、工艺数据库与知识库模块、人-机交互界面和工艺文件管理与输出模块（图 2-14）。

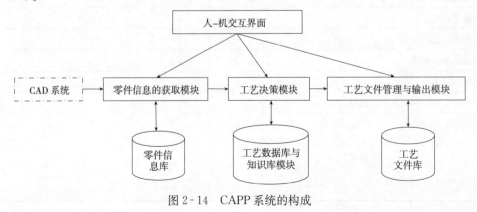

图 2-14 CAPP 系统的构成

（1）零件信息的获取模块。零件信息是 CAPP 系统进行工艺过程设计的对象和依据，零件信息常用的输入方法主要有人-机交互输入和从 CAD 系统所提供的产品数据模型中直接获取。

（2）工艺决策模块。工艺决策模块是以零件信息为依据，按照预先规定的决策逻辑，调用相关的知识和数据，进行必要的比较、推理和决策，生成所需要的零件加工工艺规程。

（3）工艺数据库与知识库模块。工艺数据库与知识库是 CAPP 的支撑工具，它包含了工艺设计所要求的工艺数据（如加工方法、切削用量、机床、刀具、夹具、工时、成本核算等多方面信息）和规则（包括工艺决策逻辑、决策习惯、加工方法选择规则、工序工步归并与排序规则等）。

（4）人-机交互界面。人-机交互界面是用户的操作平台，包括系统菜单、工艺设计界面、工艺数据与知识输入界面、工艺文件的显示、编辑与管理界面等。

（5）工艺文件管理与输出模块。如何管理、维护和输出工艺文件是 CAPP 系统所要完成的重要内容。工艺文件的输出包括工艺文件的格式化显示、存储和打印等内容。

二、CAPP 系统的类型及其工作原理

CAPP 系统是根据企业的类别、产品类型、生产组织状况、工艺基础及资源条件等各种因素而开发应用的，不同的系统有不同的工作原理，目前常用的 CAPP 系统可分为派生式、创成式和综合式三大类。

1. 派生式 CAPP 系统　派生式 CAPP 系统是在成组技术的基础上，按零件结构和工艺的相似性，用分类编码系统将零件分为若干零件加工族，并为每一族的零件制订、优化加工方案和工艺规程，以文件形式存储在计算机中。在编制新的工艺规程时，首先根据输入的信息编制零件的成组编码，识别它所属的零件加工族，检索调出该零件族的标准工艺规程，然后进行编辑、筛选而得到该零件的工艺规程，产生的工艺规程可存入计算机供检索用。派生式 CAPP 系统的工作原理如图 2-15 所示。

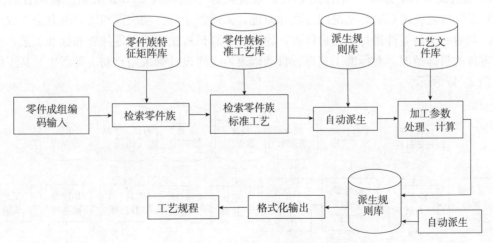

图 2-15　派生式 CAPP 系统的工作原理

派生式 CAPP 系统继承和应用了企业较成熟的传统工艺，应用范围比较广泛，有较好的实用性，但系统的柔性较差。对于复杂零件和相似性较差的零件，不适宜采用派生式

CAPP 系统。

2. 创成式 CAPP 系统　　创成式 CAPP 系统是一个能综合零件加工信息，自动地为一个新零件创造工艺规程的系统。创成式 CAPP 系统能够根据工艺数据库的信息和零件模型，在没有人干预的条件下，系统自动产生零件所需要的各个工序和加工顺序，自动提取制造知识，自动完成机床、刀具的选择和加工过程的优化，通过应用决策逻辑，模拟工艺设计人员的决策过程，自动创造新的零件加工工艺规程。为此，在创成式 CAPP 系统中要建立复杂的能模拟工艺人员思考问题、解决问题的决策系统，才能完成具有创造性的工作。创成式 CAPP 系统的工作原理如图 2-16 所示。

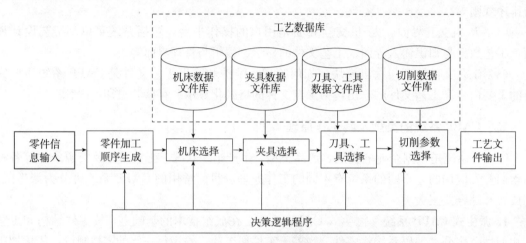

图 2-16　创成式 CAPP 系统的工作原理

创成式 CAPP 系统便于实现 CAD/CAM 系统的集成，具有较高的柔性，适应范围广，但由于系统自动化要求高、应用范围广，系统实现较为困难，目前系统的应用还处于探索发展阶段。

3. 综合式 CAPP 系统　　综合式 CAPP 系统也称半创成式 CAPP 系统，它综合派生式 CAPP 系统与创成式 CAPP 系统的方法和原理，采用派生与自动决策相结合的方法生成工艺规程。如对一个新零件进行工艺设计时，先通过计算机检索它所属零件族的标准工艺，然后根据零件的具体情况，对标准工艺进行自动修改，工序设计则采用自动决策产生，其工作原理如图 2-17 所示。

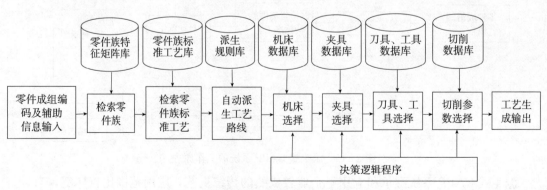

图 2-17　综合式 CAPP 系统工作原理

综合式 CAPP 系统兼顾了派生式 CAPP 系统与创成式 CAPP 系统的优点，克服各自的不足，既具有简洁性，又具有快捷性和灵活性，有很强的实际应用性。

三、CAPP 系统的基础技术

1. 成组技术　CAPP 系统的研究和开发与成组技术密切相关。成组技术的实质是利用事物的相似性，把相似问题归类成组并进行编码，寻求解决这一类问题相对统一的最优方案，从而节约时间和精力以取得所期望的经济效益。零件分类和编码是成组技术的两个最基本概念。根据零件特征将零件进行分组的过程是分类；给零件赋予代码则是编码。对零件设计来说，由于许多零件具有类似的形状，可将它们归并为若干设计族，设计一个新的零件可以通过修改一个现有同族典型零件而形成。对加工来说，由于同族零件要求类似的工艺规程，可以组建一个加工单元来制造同族零件，对每一个加工单元只考虑类似零件，就能使生产计划工作及其控制变得容易些。

2. 零件信息的描述与输入　零件信息的描述与输入是 CAPP 系统运行的基础和依据。零件信息包括零件名称、图号、材料、几何形状及尺寸、加工精度、表面质量、热处理以及其他技术要求等。准确的零件信息描述是 CAPP 系统进行工艺分析决策的可靠保证，因此 CAPP 系统对零件信息描述的简明性、方便性以及输入的快速性等方面都有较高的要求。常用的零件描述方法有分类编码描述法、表面特征描述法以及直接从 CAD 系统图库中获取 CAPP 系统所需要的信息。从长远的发展角度看，根本的解决方法是直接从 CAD 系统图库中获取 CAPP 系统所需要的信息，即实现 CAD 与 CAPP 的集成化。

3. 工艺设计决策机制　工艺设计方案决策主要有工艺流程决策、工序决策、工步决策以及工艺参数决策等内容。其中，工艺流程决策最为复杂，是 CAPP 系统的核心部分。不同类型 CAPP 系统的形成，主要也是由工艺流程生成的决策方法不同而决定的。为保证工艺设计达到全局最优，系统常把上述内容集成在一起，进行综合分析、动态优化和交叉设计。

4. 工艺知识的获取与表示　工艺设计随着各个企业的设计人员、资料条件、技术水平以及工艺习惯不同而变化。要使工艺设计能够在企业中得到广泛有效地应用，必须根据企业的具体情况，总结出适应本企业的零件加工典型工艺决策的方法，按所开发 CAPP 系统的要求，用不同的形式表示这些经验及决策逻辑。

5. 工艺数据库的建立　CAPP 系统在运行时需要相应的各种信息，如机床参数、刀具参数、夹具参数、量具参数、材料、加工余量、标准公差及工时定额等。工艺数据库的结构要考虑方便用户对数据库进行检索。还要考虑工件、刀具材料以及加工条件变化时数据库的扩充和完善。

🔲 学习效果评价

完成本任务学习后，进行学习效果评价，如表 2-6 所示。

表 2-6 学习效果评价

班级		学号		姓名		成绩	
任务名称							
评价内容			配分		得分		
能够描述 CAPP 的概念与功能			20				
能够描述 CAPP 系统的结构组成			20				
能够描述 CAPP 系统的类型及其工作原理			20				
能够描述 CAPP 系统的基础技术			20				
学习的主动性			5				
独立解决问题的能力			5				
学习方法的正确性			5				
团队合作能力			5				
总分			100				
建议							

任务四　计算机辅助制造技术应用

学习目标

1. 掌握计算机辅助制造技术（CAM）的功能。
2. 掌握数控机床相关知识。
3. 掌握数控加工程序的编制方法。

思政目标

1. 培养吃苦耐劳精神。
2. 培养团队合作意识。

相关知识

一、CAM 的功能

按计算机与物流系统是否有硬件接口联系，可将 CAM 功能分为直接应用功能和间接应用功能。

1. 直接应用功能　CAM 的直接应用功能是指计算机通过接口直接与物流系统连接，用以控制、监视、协调物流过程，包括物流运行控制、生产控制和质量控制。物流运行控制是根据生产作业计划的生产进度信息控制物料的流动；生产控制指在生产过程中，随时收集和记录物流过程的数据，当发现情况偏离作业计划时，即予以协调与控制；质量控制是指通过现场检测随时记录现场数据，当发生偏离或即将偏离预定质量指标时，向工序作业级发出命令，予以校正。

2. 间接应用功能　CAM 的间接应用功能是指计算机与物流系统没有直接的硬件连接，用以支持车间的制造活动并提供物流过程和工序作业所需数据与信息，包括计算机辅助工艺过程设计（CAPP）、计算机辅助数控程序编制、计算机辅助工装设计及计算机辅助编制作业计划。CAPP 其本质就是用计算机模拟人工编制工艺规程的方法编制工艺文件；计算机辅助数控程序编制是根据 CAPP 所指定的工艺路线和所选定的数控机床，用计算机编制数控机床的加工程序；计算机辅助工装设计包括专用夹具、刀具的设计与制造，这也是工艺准备工作中的重要内容；计算机辅助编制作业计划是指当生产计划确定了在规定期内应生产的零件品种、数量和时间之后，根据数据库中人员、设备、资源的情况以及生产计划和工艺设计的数据，用计算机编制出详细的生产作业计划，确定在哪台设备、由谁何时进行何种作业以及完工时间，以作为车间的生产命令。

二、数控机床概述

1. 数控机床的概念及组成　数控机床是一种使用计算机，利用数字技术进行控制的自动化加工的机床。它能够按照国际或国家，甚至生产厂家所制定的数据和文字编码方式，把各种机械位移量、工艺参数（如主轴转速、切削速度）、辅助功能（如刀具变换、切削液自动供停）等，用数字、文字符号表示出来，经过程序控制系统，即数控系统的逻辑处理与计算，发出各种控制指令，实现要求的机械动作，自动完成加工任务。在被加工零件或作业变换时，只需改变控制的指令程序就可以实现新的控制。所以，数控机床是一种灵活性很强、技术密集度及自动化程度很高的机电一体化加工设备，适用于小批量生产，是柔性制造系统里必不可少的加工单元。

数控机床一般由加工程序及控制介质、计算机数控装置、伺服驱动系统、机床本体、辅助控制装置以及其他一些附属设备组成，如图 2-18 所示。

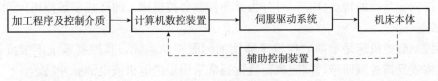

图 2-18　数控机床组成

（1）加工程序及控制介质。控制介质又称信息载体。加工程序是数控机床自动加工零件的工作指令，其存储着加工零件所需的全部操作信息和刀具相对工件的位移信息等。编制程序的工作可由人工或者由自动编程计算机系统来完成，编好的数控程序可存放在信息载体上。常用的信息载体有磁盘、硬盘等。

（2）计算机数控装置。计算机数控（computer numerical control，CNC）装置是数控机床的核心部分。它完成加工程序的输入、编辑及修改，实现信息存储、数据交换、代码转换、插补运算以及各种控制功能。为适应柔性制造系统或计算机集成制造系统的要求，目前大多数 CNC 装置中都有通信设备，承担网络通信任务。

（3）伺服驱动系统。何服驱动系统是数控机床的必备部件，包括驱动主轴运动的控制单元及主轴电动机、驱动进给运动的控制单元及进给电机。它接受来自数控系统的指令信息，通过伺服驱动系统来实现数控机床的主轴和进给运动。由于伺服系统是将数字信号转化为位移量的部件，因此它的精度及动态响应是决定数控机床的加工、表面质量和生产率的主要因素。

（4）机床本体。机床本体是数控机床的机械部分，包括床身、导轨、各运动部件和各种工作台，以及冷却、润滑、转位和夹紧等辅助装置。对于加工中心类的数控机床，还有存放刀具的刀库及交换刀具的机械手等部件。

（5）辅助控制装置。辅助控制装置的主要作用是接收数控装置输出的主运动变速、换向和启停，刀具的选择和交换以及其他辅助装置动作等指令信号，经必要的编辑、逻辑判断、功率放大后直接驱动相应的装置完成指令规定的动作。此外，开关信号也经它的处理后送至数控装置进行处理。

2. 数控机床的分类　数控机床的类型很多，归纳起来可以用下面几种方法进行分类。

（1）按控制系统分类。可分为点位控制数控机床、点位直线控制数控机床和轮廓控制数控机床。

点位控制数控机床的特点是数控系统只能控制机床移动部件从一个位置（点）精确地移动到另一个位置（点），在移动过程中不进行任何切削加工。为了保证定位的准确性，根据其运动速度和定位精度要求，可采用多级减速处理。点位数控系统结构较简单，价格也低廉。

点位直线控制数控机床的特点是数控系统不仅要控制两个相关点之间的距离，还控制两个相关点之间的移动速度和轨迹，这类系统一般可控轴数为2～3轴，但同时控制轴只有一个。

轮廓控制数控机床的特点是数控系统能够同时对两个或两个以上的坐标轴进行连续控制，加工时不仅要控制起点和终点，还要控制整个加工过程中每个点的速度和位置，也就是要控制运动轨迹，使机床加工出符合图样要求的复杂形状的零件。轮廓控制数控机床的数控装置的功能最齐全，控制系统最复杂。

（2）按伺服系统的特点分类。可分为开环控制数控机床、闭环控制数控机床和半闭环控制数控机床。

开环控制数控机床是早期数控机床通用的伺服驱动系统，其控制系统不带反馈检测装置，没有构成反馈控制回路，伺服执行机构通常采用步进电机或电液脉冲马达。

闭环控制数控机床的特点是其控制系统在机床移动部件上安装了直线位移检测装置，因为在机床工作台中纳入了反馈回路，故称闭环控制系统。这种闭环控制系统定位精度高，调节速度快，但由于机床工作台惯量大，对系统稳定性带来不利影响，同时也使调试、维修困难，且系统复杂、成本高，故只有在精度要求很高的机床中才采用这种系统。

半闭环控制数控机床的特点将测量元件从工作台移到丝杠副端或伺服电机轴端，构成半闭环伺服驱动系统。这种半闭环控制系统的特点是调试比较方便，并且具有稳定性，系统的控制精度和机床的定位精度比开环系统高，而比闭环系统低。目前大多数数控机床都广泛采用这种半闭环控制系统。

（3）按加工方式分类。可分为金属切削数控机床、金属成型数控机床、特种加工数控机床及其他类型机床。

金属切削数控机床如数控车床、加工中心、数控铣床等；金属成型数控机床如数控折弯机、数控弯管机、数控压力机等；特种加工数控机床如数控线切割机床、数控电火花加工机床、数控激光加工机床等；其他类型机床如火焰切割数控机床、数控三坐标测量机等。

（4）按功能水平分类。可分为低档数控机床、中档数控机床和高档数控机床。

低档数控机床通常指由单板机、单片机和步进电机组成的机床，其功能比较简单、价格低廉，主要用于车床、线切割机床以及旧机床的改造等。这类机床的伺服驱动系统采用开环伺服系统；联动轴数一般为 2 轴，最多为 3 轴；数码显示或简单的 CRT（阴极射线管）字符显示。

中档数控机床也称为标准数控机床，这类机床的伺服驱动系统采用半闭环直流或交流伺服系统；联动轴数为 2～4 轴；有字符、图像 CRT 显示系统；有 RS-232 或 DNC（direct numerical control）接口和内装 PLC（programmable logic controller）进行辅助功能控制等。

高档数控机床精度高、功能强。这类机床的伺服驱动系统采用半闭环或闭环直流或交流伺服系统；联动轴数为 3～5 轴；显示除中档数控机床的系统功能外，还可以有三维图形显示；通信功能除有 RS-232 或 DNC 接口外，有的系统还装有 MAP（manufacturing automation protocol）通信接口，具有联网功能；具有功能很强的内装 PLC 和多轴控制扩展功能。

3. 数控机床的坐标系统　按照《数控机床坐标和运动方向的命名》（JB/T 3051—1999）规定：标准的坐标系统是一个右手直角笛卡儿坐标系统（图 2-19），它与安装在机床上并按机床的主要直线导轨找正的工件相关。

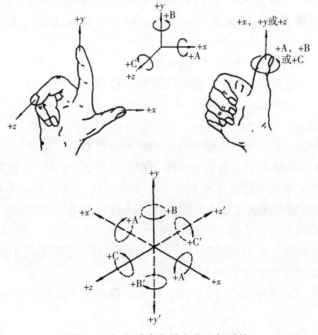

图 2-19　右手直角笛卡儿坐标系统

（1）z 坐标的运动。z 坐标的运动是由传递切削动力的主轴所规定。对铣床、钻床、镗床、攻丝机等，主轴带动刀具旋转。对于车床、磨床和其他形成旋转表面的机床，主轴带动工件旋转。如机床上有几个主轴，则选一垂直于工件装卡面的主轴作为主要的主轴。

如主要的主轴始终平行于标准的三坐标系统的一个坐标，则这个坐标就是 z 坐标。如主要的主轴能摆动，在摆动范围内使主轴只平行于三坐标系统中的一个坐标，则这个坐标就是 z 坐标。如主要的主轴能摆动，在摆动范围内能使主轴平行于标准坐标系统中的两个或三个坐标，则取垂直于机床工作台的装卡面的坐标为 z 坐标（不考虑其上的角度附件或装卡附件）。如机床没有主轴（如牛头刨床），则 z 坐标垂直于工件装卡面。正的 z 方向是增大工件和刀具距离的方向。

（2）x 坐标的运动。x 坐标是水平的，它平行于工件的装卡面。这是在刀具或工件定位平面内运动的主要坐标。在没有旋转的刀具或旋转的工件的机床上（如牛头刨床），x 坐标平行于主要的切削方向，且以该方向为正方向。在工件旋转的机床上（如车床、磨床等），x 坐标的方向是在工件的径向上，且平行于横滑座。对于安装在横滑座的刀架上的刀具，离开工件旋转中心的方向，是 x 坐标的正方向。

在刀具旋转的机床上（如铣床、钻床、镗床等），如 z 坐标是水平的，当从主要刀具主轴向工件看时，$+x$ 运动方向指向右方。如 z 坐标是垂直的，对于单立柱机床，当从主要刀具主轴向立柱看时，$+x$ 运动的指向右方。对于桥式龙门机床，当从主要主轴向左侧立柱看时，$+x$ 运动的方向指向右方。

（3）y 坐标的运动。$+y$ 的运动方向，根据 x 和 z 坐标的运动方向，按照右手直角笛卡儿坐标系统来确定。

（4）旋转运动 A、B 和 C。A、B 和 C 相应地表示其轴线平行于 x、y 和 z 坐标的旋转运动。正向的 A、B 和 C，相应地表示在 x、y 和 z 坐标正方向上按照右旋螺纹前进的方向。

（5）标准坐标系统的原点。标准坐标系统的原点（$x=0$、$y=0$、$z=0$）的位置是任意的。A、B 和 C 运动的原点（0°位置）也是任意的。选择时，原点（0°位置）最好被选择为相应地平行于 y、z 和 x 坐标。

（6）附加的坐标。

①直线运动。如在 x、y 和 z 主要直线运动之外，另有第二组平行于它们的坐标，可分别指定为 u、v 和 w。如还有第三组运动，则分别指定为 p、q 和 r。如果在 x、y 和 z 主要直线运动之外，存在不平行或可以不平行于 x、y 或 z 的直线运动，亦可相宜地指定为 u、v、w、p、q 或 r。选择最接近主要主轴的直线运动指定为第一直线运动，其次接近的指定为第二直线运动，最远的指定为第三直线运动。

②旋转运动。如在第一组旋转运动 A、B 和 C 的同时，还有平行于或不平行于 A、B 和 C 的第二组旋转运动，可指定为 D 或 E。

立式升降台铣床坐标系如图 2-20 所示，卧式升降台铣床坐标系如图 2-21 所示。

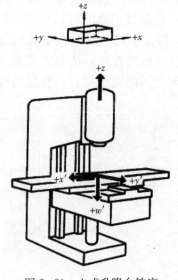

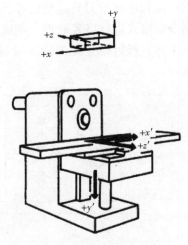

图 2-20　立式升降台铣床　　　　　　　图 2-21　卧式升降台铣床

三、数控加工程序编制

数控加工程序编制是数控加工的基础。自数控机床问世至今，数控加工编程方法经历了手工编程、数控语言自动编程、CAD/CAM 系统自动编程几个发展时期。当前，应用 CAD/CAM 系统自动编程已成为数控机床加工编程的主要方法。

1. 手工编程　数控加工手工编程一般可分为以下几个步骤：

（1）工艺处理。编程人员首先对零件的图纸及技术要求进行详细的分析，明确加工的内容及要求。然后，确定加工方案、加工工艺过程、加工路线、设计工夹具、选择刀具以及合理的切削用量等。

数控加工
程序编制

（2）数值计算。根据零件的几何形状、加工路线和数控系统的情况，计算出被加工几何元素的起点、终点和圆心等坐标点，从而计算出刀具运动轨迹。

（3）编制加工程序。根据零件的工艺分析和数值计算结果，按照数控机床所使用的指令代码编制零件加工程序。

（4）输入数控程序。将零件加工数控程序通过控制面板手动输入数控系统，或通过磁盘读入，或用 RS-232 接口将数控程序输入数控系统。老式的数控机床往往需要将数控程序制成穿孔纸管由机床自带的光电阅读机读入机床数控系统。

（5）试切和修改。零件加工程序是否正确，通常采用试切法进行验证。目前市场上提供的高档数控系统一般带有切削加工模拟功能，可以在数控系统显示器上模拟加工情况，如发现错误，及时修改加工程序。

手工编程效率低，出错率高，不能用于复杂零件加工编程，因而它已逐渐被其他先进编程方法所替代。

2. 数控语言自动编程

（1）数控语言自动编程过程。数控语言自动编程过程如图 2-22 所示，编程人员根据加工图纸和工艺过程，运用专用的数控语言编写出一个简短的零件加工源程序，并将其输入计算机中，经过编译系统进行编译，将之编译成系统能够识别的目标程序，然后系统根据目标程序进行刀具运动轨迹计算，并生成刀位文件。系统根据具体数控机床所要求的指令和格式进行后置处理，生成相应机床的零件数控加工程序，从而完成最终的自动编程工作。经过检查无误后，通过计算机与数控机床之间的通信接口，直接传输给数控机床。

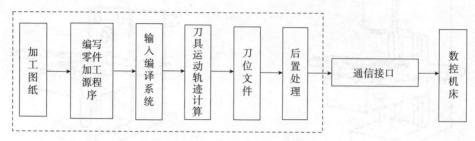

图 2-22　自动编程过程

在数控语言自动编程过程中，需要程序员所做的工作仅仅是源程序的编写，其余的计算和各种处理工作均由计算机系统自动完成。与手工编程相比，数控语言自动编程的效率得到很大的提高。

（2）数控编程语言。美国麻省理工学院伺服机构研究室于 1955 年开发了一种自动编程工具（automatically programmed tools，APT）系统，是一种对工件、刀具的几何形状及刀具相对于工件的运动等进行定义时所用的一种符号语言。APT 语言词汇丰富，定义的几何类型多，并配有 1 000 多种后置处理，在各国工业界得到广泛的应用。但是 APT 语言系统庞大，占用内存大，需使用大型计算机，费用昂贵。根据加工零件不同特点和用户的不同需要，在 APT 的基础上，各国先后研究了许多各具特点的编程系统，如美国的 ADAPT、AutoAPT，英国的 ZC、ZCL、ZPC，德国的 EXAPT-1（点位）、EXAPT-2（车削）、EXAPT-3（铣削），法国的 IFAPT-P（点位）、IFAPT-C（轮廓）、IFAPT-CP（点位、轮廓），日本的 FAPT、HAPT 等数控自动编程语言系统。这些语言的共同特点是都与 APT 兼容，即它们的语句与 APT 大致相同。我国在 20 世纪 70 年代也研制了 SKC、ZCX、ZBC-1 等语言编程系统，这些系统具有平面轮廓铣削加工和车削加工等功能，之后又研制出具有解决复杂曲面编程功能的 CAM-251 数控编程系统及 HZAPT、EAPT、SAPT 等微型机数控自动编程系统。

这里结合 1 个具体实例，简要介绍 APT 语言源程序结构和编程方法。图 2-23 是待加工的零件外轮廓图，加工该零件的 APT 语言源程序及解释说明见表 2-7。

从 APT 语言源程序可以看出，整个源程序是由各种不同的语句组成，它包含如下一些基本内容：

（1）初始语句。如 PART NO，是给零件源程序作标题用的语句。

（2）几何定义语句。如点（POINT）、直线（LINE）、圆（CIRCLE）、平面（PLANE）、圆柱面（CYLNDR）、圆锥面（CONE）等对零件加工的几何要素进行定义并赋名，便于刀具运动轨迹的描述。

（3）刀具形状描述语句。如 CUTTER，指定实际使用的刀具形状，这是计算刀具端点坐标所必须使用的信息。

（4）刀具起始位置的指定。如 FROM，在机床加工运动之前，要根据工件毛坯形状、夹具情况指定刀具的起始位置。

（5）初始运动语句。如 GO，在刀具沿控制面移动之前，先要指令刀具向控制面移动，直到容许误差范围为止，并指定下一个运动控制面。

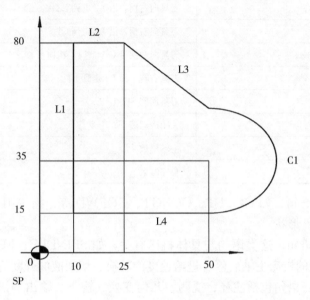

图 2-23 待加工零件

表 2-7 待加工零件的 APT 语言源程序及说明

源程序	说明
PART NO NIC 400 APT EXEPL-1；	识别零件，并作为程序单的标题
SP＝POINT/0，0，0；	定义点 SP（0，0，0）坐标值
L1＝LINE/10，15，0，10，80，0；	定义直线 L1 通过两点（10，15，0）和（10，80，0）
L2＝LINE/10，80，0，25，80，0；	定义直线 L2 通过点（10，80，0）和（25，80，0）
PT＝POINT/25，80，0；	定义点 PT（25，80，0）
L3＝LINE/PT，ATANGL，－45；	定义直线 L3 通过点 PT，且与 X 轴成－45°角
L4＝LINT/10，15，0，50，15，0；	定义直线 L4 过点（10，15，0）和（50，15，0）
C1＝CIRCLE/50，35，0，20；	定义圆 C1，其圆心坐标（50，35，0）半径 20
INTOL/0；	定义零件加工内容差为 0
OUTTOL/0.005；	定义外容差为 0.005
CUTTER/20；	采用直径为 20 的刀具
SPINDLE/400CLW；	规定主轴转速为 400r/min，顺时针方向转动
COOLNT/ON；	打开冷却液
FEDRAT/50.0；	进给率为 50mm/min
FROM/SP；	加工起点为 SP 点

（续）

源程序	说明
GO/TO，L1；	刀具从 SP 点运动到 L1 点为止
TLLFT，GOLFT/L1，PAST，L2；	左补偿，运动到 L1 向左拐，沿 L1 走到 L2 为止
GORGT/L2 PAST L3；	刀具向右拐，沿 L2 走到 L3
GORGT/L3 PAST C1；	刀具向右拐，沿 L3 走到 C1
GOLFT/C1 TANTO L4；	刀具向右拐沿 C1，与 L4 相切
GORGT/L4 PAST L1；	刀具右转，沿 L4 走到 L1
GO TO/SP；	刀具回到 SP 点
COOLNT/OFF；	关闭冷却液
SPINDL/OFF；	主轴倍数
FINI；	程序结束

（6）刀具运动语句。如 GOLFT、GORGT、GOFWD 等，指定刀具所需的轨速运动，以加工出需求的零件形状。

（7）后置处理语句。这类语句与具体机床有关，如 SPINDLE、FEDRAT、COOLNT、END 等，指示使用的机床主轴启停、进给速度的转换、切削液的开断等内容。

（8）其他语句。语句包括注释、说明、几何变换、输入、输出等语句，如 PAINT（打印）、INTOL（内容差）、FINI（程序结束）等。

数控语言自动编程系统解决了手工编程难以完成的复杂曲面的编程问题，大大促进了数控技术的发展。但数控语言专用词汇及语句格式很多，编程效率虽然提高很多，仍然未能克服编程速度与加工机床不匹配的矛盾。

3. CAD/CAM 系统自动编程

（1）CAD/CAM 系统自动编程原理及特点。数控语言自动编程存在的主要问题是缺少图形的支持，除了编程过程不直观外，被加工零件轮廓需要通过几何定义语句一条条进行描述，编程工作量大。随着 CAD/CAM 技术的成熟和图形处理能力的提高，直接利用 CAD 模块生成几何图形，采用人-机对话方式，在计算机上指定被加工部位，输入相应的加工参数，计算机便可自动进行必要的数学处理并编制出数控加工程序，同时在计算机屏幕上动态地显示出刀具的加工轨迹。这种利用 CAD/CAM 系统进行数控加工编程的方法与数控语言自动编程相比，具有速度快、精度高、直观性好、使用简便、便于检查等优点，有利于实现 CAD/CAM 系统的集成，已成为当前数控加工自动编程的主要手段。

（2）CAD/CAM 系统自动编程的基本步骤。不同的 CAD/CAM 系统其功能指令、用户界面各不相同，编程的具体过程也不尽相同。但从总体上讲，编程的基本步骤大体是一致的，归纳起来如图 2-24 所示。

①建立几何模型。利用 CAD 模块的三维实体建模功能，通过人-机交互式方法建立被加工零件的三维几何模型（图 2-25），并以相应的图形数据文件进行存储，供后续的 CAM 编程调用。

②加工工艺分析。包括分析零件的加工部位、确定工件的装夹位置、指定工件坐标系和

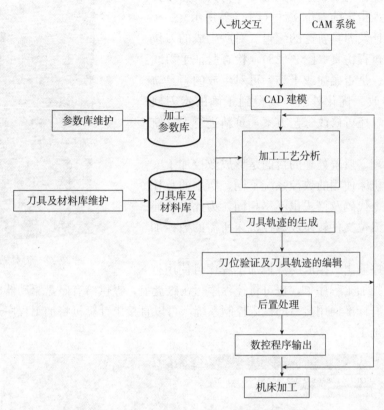

图 2-24 CAD/CAM 系统数控编程基本步骤

图 2-25 单叶片三维造型

图 2-26 切削参数设置

刀具类型及其几何参数、输入切削加工工艺参数等。目前该项工作主要通过人-机交互方法，由编程员通过用户界面输入计算机（图 2-26）。

③刀具轨迹生成。用户可根据屏幕的显示内容选择加工表面、切入方式和走刀方式等，

然后由软件系统自动生成走刀路线，并将其换为刀具位置数据，存入指定的刀位文件（图2-27所示）。

④刀位验证及刀具轨迹的编辑。对所生成的刀位文件进行加工过程仿真（图2-28），检查验证走刀线是否正确合理、是否碰撞或干涉，可对生成的刀具轨迹进行编辑修改、优化处理，以得到正确的走刀轨迹。若不满意，还可修改工艺方案，重新进行刀具轨迹的计算。

⑤后置处理。后置处理的目的是形成数控加工文件。由于各种机床使用的数控系统不同，所用的数控加工程序的指令代码及格式也不尽相同，为此必须通过后置处理将刀位文件转换成数控机床所需的数控加工程序。

⑥数控程序输出。生成的数控加工程序可使用打印机打印出数控加工程序单，也可将控程序写在磁盘上，提供给有磁盘驱动器的机床控制系统使用。对于有标准通用接口的机床控制系统，可以直接由计算机将加工程序送给机床控制系统进行数控加工。

图2-27 刀具轨迹

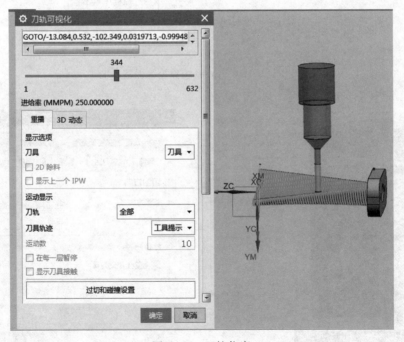

图2-28 刀轨仿真

学习效果评价

完成本任务学习后，进行学习效果评价，如表2-8所示。

表 2-8 学习效果评价

班级		学号		姓名		成绩	
任务名称							
评价内容				配分		得分	
能够描述 CAM 的功能				20			
能够描述数控机床的概念、组成、类别和坐标系统				20			
能够描述数控语言自动编程的过程及其语言				20			
能够描述 CAD/CAM 系统自动编程的原理、特点和步骤				20			
学习的主动性				5			
独立解决问题的能力				5			
学习方法的正确性				5			
团队合作能力				5			
总分				100			
建议							

任务五 CAD/CAM 集成技术应用

学习目标

1. 掌握 CAD/CAM 集成技术的概念。
2. 掌握 CAD/CAM 系统的集成方式。
3. 掌握 CAD/CAM 系统集成的关键技术。
4. 掌握基于产品数据管理技术的 CAD/CAM 集成方案。

思政目标

1. 培养创新意识。
2. 培养爱国奉献精神。

相关知识

CAD/CAM 集成技术是一项利用计算机帮助人完成设计与制造任务的新技术。它是随着计算机技术、制造工程技术的发展，从早期的 CAD、CAPP、CAM 技术发展演变而来的，这种技术将传统的设计与制造彼此相对分离的任务合成一个整体来规划和开发，实现高度一体化，是现代制造技术的方向——CIMS 的主要组成部分。

一、CAD/CAM 集成技术

随着计算机应用技术的发展，计算机辅助技术逐步应用到机械产品的设计、工艺和制造等各个生产阶段，先后出现了许多优秀的商品化CAD、CAPP和CAM软件系统，这些软件系统分别在产品设计自动化、工艺过程设计自动化和数控编程自动化方面起到了重要的作用，但由于CAD、CAPP和CAM各项技术长期处于独立发展的状态，彼此间的模型定义、数据结构、外部接口均存在差异，各自只能独自运行。因而，在整个生产过程中自然形成了一个个自动化"孤岛"，不能实现系统之间信息自动传递和交换，导致信息传递效率较低，不仅造成了资源和时间上的浪费，而且还会由于人为的差错产生数据传递和转换过程中的差错，降低了产品数据的可靠性。

为了充分利用现有的计算机软硬件资源和信息资源，进一步缩短企业产品开发周期，提高生产效率，消除各个领域的"孤岛"现象，20世纪80年代初便出现了CAD/CAM集成技术。产品从市场需求分析开始，经过设计过程和制造过程，使之从抽象的概念变成具体的最终产品（图2-29），这一过程具体包括产品设计、工艺过程设计、制造实施等阶段。上述过程就是CAD/CAM集成，零件加工等的有关信息实现自动传递和转换。

CAD/CAM集成技术是解决多品种、小批量、高效率生产的最有效途径，是实现自动化生产的基本要素，也是提高设计制造质量和生产效率的最佳方法。同时，它也是进一步实现计算机集成制造技术（CIMS）以及实现并行工程（CE）、敏捷制造（GM）、虚拟制造（VM）等众多先进生产技术的重要基础。

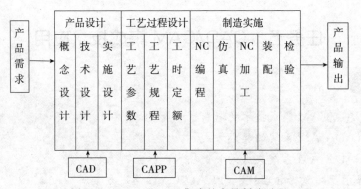

图2-29 CAD/CAM集成的产品制造过程

二、CAD/CAM 系统集成方式

CAD/CAM系统的集成是通过不同数据结构的映射和数据交换，利用各种接口将CAD、CAPP、CAM的各应用程序和数据库连接成一个集成化的整体。CAD/CAM的集成涉及网络集成、功能集成和信息集成等诸多方面，其中信息集成是CAD/CAM集成的核心。目前CAD/CAM信息集成一般可由以下3种方式实现：

1. 通过专用格式文件进行集成 在这种方式下，对于相同的开发和应用环境，可在各系统之间协调确定数据格式的文件层次；而在不同的开发和应用环境下，则需要在各系统与专用数据文件之间开发专用的转换接口进行前置或后置处理，其集成方法如图2-30所示。该数据交换方式原理简单，转换接口程序易于实现、运行效率高，但无法实现广泛的数据共享，数据的安全性和可维护性较差。

2. 通过标准格式数据文件进行集成 在这种方式下，采用统一格式的中性数据文件作为系统集成的工具，各个应用子系统通过前置或后置数据转换接口进行系统间数据的传输，

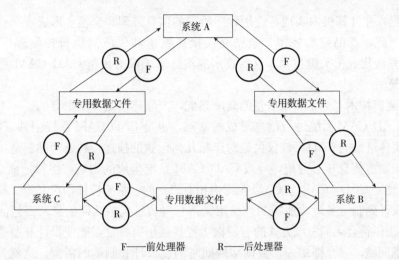

F——前处理器　　　R——后处理器

图 2-30　通过专用格式文件进行集成

其实现方式如图 2-31 所示。在这种集成方法中，每个子系统只与标准格式的中性数据文件打交道，无需知道别的系统细节，减少了集成系统中的转换接口数，并降低了接口维护难度，便于应用者的开发和使用，是目前 CAD/CAM 集成系统应用较多的方法之一，许多图形系统的数据转换就是采用中性的标准格式数据文件，如 IGES、DXF 等。

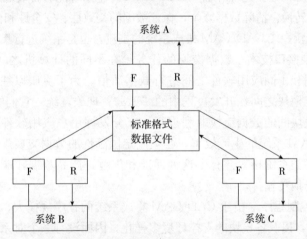

图 2-31　通过标准格式数据文件进行集成

3. 利用共享工程数据库进行集成　　这是一种较高水平的数据共享和集成方法，各子系统通过用户接口按工程数据库要求直接存取或操作数据库。采用工程数据库及其管理系统实现系统的集成，既可实现各子系统之间直接的信息交换，加快了系统的运行速度，又可使集成系统达到真正的数据一致性、准确性、及时性和共享性，该集成方法原理如图 2-32 所示。

三、CAD/CAM 系统集成的关键技术

CAD/CAM 系统的集成就是按照产品设计与制

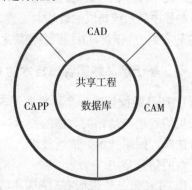

图 2-32　利用共享工程数据库进行集成

造的实际进程，在计算机内实现各应用程序所需的信息处理和交换，形成连续、协调和科学的信息流。因此，产品建模技术、数据交换接口技术和集成的执行控制程序等，构成了CAD/CAM系统集成的关键技术。这些技术的实施水平成为衡量CAD/CAM系统集成度高低的主要依据。

1. 产品建模技术 为了实现信息的高度集成，产品建模是非常重要的。一个完善的产品设计模型是CAD/CAM系统进行信息集成的基础，也是CAD/CAM系统中共享数据的核心。传统的基于实体造型的CAD系统仅仅是对产品几何形状的描述，缺乏产品制造工艺信息，从而造成设计与制造信息核心分离，导致CAD/CAM系统集成的困难。将特征概念引入CAD/CAM系统，建立CAD、CAPP、CAM范围内相对统一的、基于特征的产品定义模型，该模型不仅支持从设计到制造各阶段所需的产品定义信息（信息包括几何信息、工艺信息和加工制造），而且还提供符合人们思维方式的有层次工程描述语言特征，能使设计和制造工程师用相同的方式考虑问题。它允许用一个数据结构同时满足设计和制造的需要，这就为CAD/CAM系统提供了设计和制造之间相互通信和相互理解的基础，使之真正实现CAD/CAM系统的一体化。因而就目前而言，基于特征的产品定义是解决产品建模关键技术的比较有效的途径。

随着CAD/CAM系统自动化、集成化、智能化和柔性化程度的不断提高，集成系统中的数据管理问题日益复杂，传统的商用数据库已满足不了要求。CAD/CAM系统的集成应努力建立能处理复杂数据的工程数据处理环境，CAD/CAM各子系统能够有效地进行数据交换，尽量避免数据文件和格式转换，清除数据冗余，保证数据的一致性、安全性和保密性。采用工程数据库方法将成为开发新一代CAD/CAM集成系统的主流，也是系统进行集成的核心。

2. 产品数据交换接口技术 数据交换的任务是在不同的计算机之间、不同操作系统之间、不同数据库之间和不同应用软件之间进行数据通信。为了克服以往各种CAD/CAM系统之间，甚至各功能模块之间在开发过程中的"孤岛"现象，统一它们的数据表示格式，使不同系统间、不同模块间的数据交换顺利进行，充分发挥用户应用软件的效益，提高CAD/CAM系统的生产效率，必须制定国际性的数据交换规范和网络协议，开发各类系统接口。有了这种标准和规范，产品数据才能在各系统之间方便流畅地传输。

CAD/CAM系统
集成的关键
技术与方案

3. 集成的执行控制程序 由于CAD/CAM集成系统的程序规模大、信息多、传输路径不一，以及各模块的支撑环境多样化，因而没有一个对系统的资源统一管理、对系统的运行统一组织的执行控制程序是不行的，这种执行控制程序是系统集成的最基本要素之一。它的任务是把各个相关模块组织起来按规定的运行方式完成规定的作业，并协调各模块之间的信息传输，提供统一的用户界面，进行故障处理等。

四、基于产品数据管理技术的CAD/CAM系统集成方案

1. 产品数据管理 产品数据管理（product data management，PDM）是20世纪80年代产生的管理产品相关数据的技术，PDM技术继承和发展了设计数据管理，应用了并行工程方法学、网络技术、成组技术、客户化技术和数据库等，以一个共享数据库为中心，实现多平台的信息集成。

PDM技术是管理所有与产品相关的信息和过程的技术。与产品相关的信息包括CAD/CAM文件、材料清单、产品配置信息、事务文件、电子表格和供应商清单等各种产品信

息；与产品相关的过程包括加工工序、加工指南、工作流程等。PDM 技术能有效管理产品从方案设计、理论设计、详细结构设计、工艺流程设计、生产计划制定、产品销售直至产品淘汰的整个生命周期内各阶段的相关数据，保证产品数据的一致性、完整性和安全性，使设计人员、工艺员、采购人员和营销人员都能方便地使用有关数据。

PDM 系统一般具有以下的基本功能：

(1) 电子资料室功能。电子资料室是 PDM 系统最基本的功能。它一般建立在关系数据库的基础上，为用户和应用之间的数据传输提供安全性、完整性的保证。它提供生成、存储、查询、编制和文件管理功能，允许用户快速访问企业的产品信息而不用考虑用户和数据的具体位置，为 PDM 系统的数据传递提供了一种安全手段。

(2) 产品配置管理功能。产品配置管理是以电子资料室为底层支持，以材料清单为组织核心，将定义最终产品的所有工程数据和文档联系起来，实现产品数据的组织控制和管理。其配置方可通过产品对象的特征属性或主属性的值，如主要参数、日期、版本、价格和供应商等，在确定产品配置对象、配置任务、配置规则和取值范围后，进行数据的检索、判断和重组，形成不同的产品视图。

(3) 工作流程管理功能。主要实现产品设计与修改过程的跟踪和控制，包括工程数据的提交、修改控制、监视审批文档的分布控制、自动通知控制等。这一功能为产品开发过程的自动化管理提供保证，并支持企业产品开发过程重组，以获得最大的经济效益。

(4) 分类检索功能。日益积累的设计结果是企业巨大的智力财富，PDM 系统的分类检索功能就是最大限度地支持设计的重新利用，以便开发出新的产品。

2. CAD/CAM 系统集成 从图 2-33 可以看出，PDM 系统管理来自 CAD 系统的信息，包括图形文件和属性信息。图形文件既可以是零部件的三维模型，也可以是二维工程视图；零部件的属性信息包括材料、加工、装配、采购、成本等多种与设计、生产和经营有关的信息。在 PDM 环境下 CAPP 系统无需直接从 CAD 系统中获取零部件的几何信息，而是从 PDM 系统中获取正确的几何信息和相关的加工信息；根据零部件的相似性，从标准工艺库中获取相近的标准工艺，快速生成该零部件的工艺文件，从而实现 CAD 系统与 CAPP 系统的集成；同样，CAM 系统也通过 PDM 系统，及时准确地获得零部件的几何信息、工艺要求和相应的加工属性，产生正确的刀具轨迹和 NC 代码，并安全地保存在 PDM 系统中。由于 PDM 系统的数据具有一致性，确保 CAD、CAPP 和 CAM 数据得到有效管理，因此真正实现了 CAD、CAPP、CAM 系统的无缝集成。

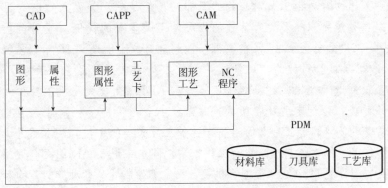

图 2-33 基于 PDM 的 CAD/CAM 系统集成

学习效果评价

完成本任务学习后，进行学习效果评价，如表 2-9 所示。

表 2-9 学习效果评价

班级		学号		姓名		成绩	
任务名称							
评价内容			配分		得分		
能够描述 CAD/CAM 集成技术的概念			20				
能够描述 CAD/CAM 系统的集成方式			20				
能够描述 CAD/CAM 系统集成的关键技术			20				
能够描述基于 PDM 技术的 CAD/CAM 系统集成方案			20				
学习的主动性			5				
独立解决问题的能力			5				
学习方法的正确性			5				
团队合作能力			5				
总分			100				
建议							

延伸阅读

胡双钱：精益求精，匠心筑梦

"学技术是其次，学做人是首位，干活要凭良心。"胡双钱喜欢把这句话挂在嘴边，这也是他技工生涯的注脚。

胡双钱是上海飞机制造有限公司的高级技师，一位坚守航空事业 35 年、加工数十万飞机零件无一差错的普通钳工。对质量的坚守，已经是胡双钱融入血液的习惯。他心里清楚，一次差错可能就意味着无可估量的损失甚至是生命的代价。他用自己总结归纳的"对比复查法"和"反向验证法"，在飞机零件制造岗位上创造了 35 年零差错的纪录，其所在岗位连续 12 年被公司评为"质量信得过岗位"，并授予产品免检荣誉证书。

胡双钱不仅制造无差错，还特别能攻坚。在 ARJ21 新支线飞机项目和大型客机项目的研制和试飞阶段，设计定型及各项试验的过程中会产生许多特制件，这些零件无法进行大批量、规模化生产，钳工制作是进行零件加工最直接的手段。胡双钱几十年的积累和沉淀开始发挥作用。他攻坚克难，创新工作方法，圆满完成了 ARJ21-700 飞机起落架钛合金传动筒接头特制件制孔、C919 大型客机项目平尾零件制孔等各种特制件的加工工作。

　　胡双钱先后获得"全国五一劳动奖章""全国劳动模范""全国道德模范"称号。一定要把我们自己的装备制造业搞上去、一定要把大飞机搞上去是胡双钱的信念。胡双钱现在最大的愿望是：最好再干 10 年、20 年，为中国大飞机多做一点。

？思考题

1. 简述 CAD/CAM 系统的含义及其涉及的主要技术。
2. 说明 CAD/CAM 系统的工作过程。
3. 简述 CAD/CAM 系统软件及硬件系统的基本组成。
4. CAD 按其工作方式和功能特征可分为几类？各有什么特点？
5. 什么是创成式 CAPP？什么是派生式 CAPP？简述两者的异同。
6. 简述 CAPP 系统的基础技术。
7. 简述 CAM 的功能。
8. 简述数控编程的方法及各自特点。
9. 简述三维几何建模的类型。
10. 简述特征建模的方法。
11. 简述 CAD/CAM 系统自动编程的基本步骤。
12. 说明基于 PDM 技术的 CAD/CAM 系统集成方案。
13. 什么是数控机床坐标系？
14. 简述 CAD/CAM 系统集成的关键技术。

项目三

//////////////////////////

三维技术在现代制造业中的应用

三维技术包括三维扫描技术及 3D 打印技术。三维扫描技术是指集光、机、电和计算机技术于一体的高新技术，主要用于对物体空间外形和结构及色彩进行扫描，以获得物体表面的空间坐标。3D 打印技术是快速成型的一个分支，是 20 世纪 80 年代末及 90 年代初发展起来的新兴制造技术，是由三维 CAD 模型直接驱动的快速制造任意复杂形状三维实体的总称。三维技术在现代制造业中的应用越来越广泛。

任务一　三维扫描技术认知及应用

学习目标

1. 了解三维扫描技术的基本概念、原理和应用领域。
2. 掌握三维扫描仪的分类。
3. 掌握三维扫描数据处理的方法。

思政目标

1. 培养执行标准操作的规矩意识。
2. 培养创新意识，强化创新思维。

相关知识

三维扫描技术，能够将实物的立体信息转换为计算机能直接处理的数字信号，为实物数字化提供了方便快捷的手段，而且测量结果能直接与多种软件对接，在 CAD、CAM、CIMS 等技术中的应用日益广泛。

用三维扫描仪对样品、模型等进行扫描，可以得到其立体尺寸数据，这些数据能直接与上传计算机，在 CAD 系统中对扫描获取的数据进行调整、修补，再到加工中心或快速成型设备上制造，极大地缩短了产品制造周期。

一、三维扫描技术认知

1. 三维扫描技术的原理

（1）结构光扫描仪原理。光学三维扫描系统是将光栅连续投射到物体表面，摄像头同步采集图像，然后对图像进行计算，并利用相位稳步极线实现两幅图像上的三维空间坐标，从而实现对物体表面三维轮廓的测量，如图 3-1 所示。

（2）激光扫描仪原理。激光扫描仪的基本结构包含有激光光源及扫描器、受光感（检）测器、控制单元等部分。激光光源为密闭式，不易受环境的影响，且容易形成光束，常采用低功率的可见光激光，如氦氖激光、半导体激光等。扫描器为旋转多面棱镜，当光束射入扫描器后，即快速转动使激光反射成一个扫描光束。它是一种十分准确、快速且操作简单的仪器，且可装置于生产线，形成边生产边检验的仪器，如图 3-2 所示。

图 3-1　结构光扫描仪

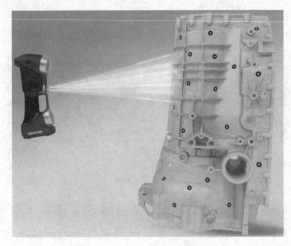

图 3-2　激光扫描仪

（3）三坐标测量机原理。三坐标测量机是由 3 个互相垂直的运动轴建立的一个直角坐标系，测头的一切运动都在这个坐标系中进行。测量时，把被测零件放在工作台上，测头与零件表面接触。当测球沿着工件的几何型面移动时，就可以精确地计算出被测工件的几何尺寸、位置公差等，如图 3-3 所示。

2. 三维扫描技术的应用

（1）模具行业。

①高质量提取点云数据，高效率辅助模具逆向工程设计。例如，铸造模具原始数据获取，由数据采集端到数据处理端的流程如图 3-4 所示。

②利用三维扫描系统，精确掌握数据外形及数据尺寸。例如，吸塑模具数据获取，精确获取鱼鳞表面数据及生动特征，解决软件难以绘制鳞片生动特征的问题。

③模具改型修复，方便快捷地获取原模具数据并给予准确修改，如图 3-5 所示。

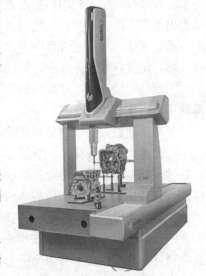

图 3-3　三坐标测量机

④做出模具样品准确的形变等误差质量报告，掌握详尽三维检测结果，提高产品质量。

（2）航空航天行业。

①飞机设计。利用三维扫描系统对机身、燃气轮机、引擎室、引擎舱和座舱等进行测量，得出数据，并对数据进行分析，需要修改的部位一目了然，也为以后的创新打下坚实的基础。

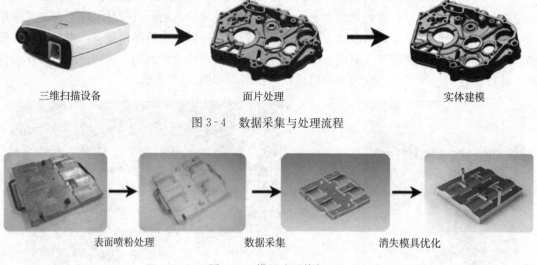

三维扫描设备　　　　　　面片处理　　　　　　实体建模

图 3-4　数据采集与处理流程

表面喷粉处理　　　　　　数据采集　　　　　　消失模具优化

图 3-5　模具改型修复

②精度检测。采用三维扫描系统可以检测飞机零件。先对零件进行扫描，完成与 CAD 模型匹配对比，通过误差颜色编码图显示出偏差及偏差量，最后给出 CAD 数据用于修正。

③修理与维护。利用扫描出来的数据，可以对受损伤后的飞机机身进行分析，更加直观地看出损伤部位，方便直接给出最合理的修理方案，提高飞机安全性。也可以对被修复部位进行质量评估，对于是否可以再次起飞，给出准确判断。

（3）玩具行业。

①改变传统设计。获取高精度的曲面三维数据，大大缩短新品推出的时间，玩具设计变得简单而规范。

②产品创新改型。满足多样化产品设计，准确完成产品数据需求。

③快速成型玩具样品。数据模型精确打样、快速制造，满足设计需求与精品生产。

④玩具检测。通过专业三维检测软件，随时对曲面的准确度、光顺度以及造型进行自动检测，直观、明了地显示所构造的模型与数据的差异，确保精度。

⑤影视动漫设计。三维扫描技术大大减少虚拟模型设计、动漫设计研发生产周期。

⑥玩具模型。三维扫描技术融合快速制造技术，使玩具成品一体化，快捷方便制作玩具。通过三维扫描技术与快速成型技术的结合，降低玩具制造成本。

（4）医学仿真行业。

①牙齿制作。采用三维扫描系统，可以快速、准确、全面地获取牙齿的三维数据，结合数控加工设备直接将牙齿模型制作出来。

②假肢制作。采用三维扫描系统，扫描获取患者肢体的形状、围长等重要数据。假肢制作师根据数据模型进行处理和修改，直接加工出实体模型。

③义耳制作。采用三维扫描系统快速获取耳朵的轮廓数据，运用逆向软件生成曲面，最后在快速成型系统中加工出实体模型，为手术的规划提供直接参考，如图 3-6 所示。

④下颚骨缺失的修复或治疗。根据患者扫描数据建立颚骨的三维数字模型，通过镜像复

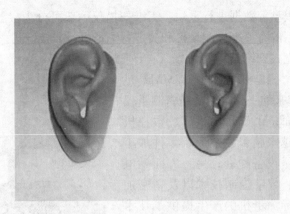

图 3-6 义耳制作案例

制及数据插补原理建立颚骨缺损的数字模型，再由快速成型机制造出三维实体模型以及个体化预制的修复体模型。

(5) 能源工业。精确稳定的扫描技术，确保能源设备的准确安装与精密结合，提供准确误差分析。越来越多的能源设备通过逆向工程完成一项项难以解决的难题。

①测量数据完整。即使是复杂的超大尺寸工件，也可详细输出全面的数据结果，如图 3-7 所示。

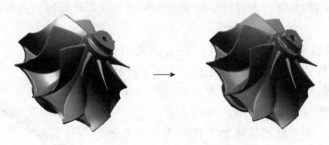

图 3-7 复杂零件的测量

②高精度误差分析。通过三维扫描仪进行快速三维扫描，获得高精度、高品质的点云数据，将其与原始数模进行比对，提供精确的数据分析报告以及组件安装密合度分析报告。

(6) 雕刻行业。

①数字化雕刻。用三维扫描仪可以将产品的三维数据扫描到电脑中并转换成加工路径，进行批量生产。

②三维设计与再创新。根据已经有的三维数据再创新，这就使设计的难度降低很多，并大大缩短设计的时间。

③产品仿制。很多大师级的精品和孤品、一些皇家的图案（九龙壁、故宫的盘龙金柱）等大气、高贵的作品，用三维扫描仪可以将这些经典作品进行扫描，生成三维数字品，还可进行创新设计后融入新的产品中。

二、三维扫描仪的分类

三维扫描是通过对被测物体表面大量点的三维坐标、纹理、反射率等信息的采集，来对其线、面、体和三维模型等数据进行重建。三维扫描仪一般可分为接触式和非接触式两种。接触式三维扫描仪常用的有三坐标测量机和关节臂测量机，非接触式三维扫描仪常用的有拍照式三维扫描仪和激光式三维扫描仪。

1. 三坐标测量机 三坐标测量机（CMM）是20世纪60年代发展起来的一种高效的精密测量仪器。它的出现，一方面是由于自动机床、数控机床的高效率加工以及越来越多复杂形状零件加工需要有快速可靠的测量设备配套；另一方面是电子技术、计算机技术、数字控制技术以及精密加工技术的发展为三坐标测量机的产生提供了技术基础。该设备通用性强，测量精度可靠，可方便地进行数据处理和程序控制，如图3-8所示。

图3-8 三坐标测量机

（1）扫描原理。将被测物体置于三坐标测量机的测量空间，可获得被测物体上各测点的坐标位置，根据这些点的空间坐标值，经过数学运算，求出被测物体的几何尺寸、形状和位置。

（2）应用领域。三坐标测量机主要用于机械、汽车、航空、军工、电子、五金、塑胶等行业和数控加工中的箱体、机架、齿轮、凸轮、蜗轮、蜗杆、叶片、曲线、曲面等的测量，对工件的尺寸、形状和几何公差进行精密检测，从而完成零件检测、外形测量、过程控制等任务。

2. 关节臂测量机 关节臂测量机仿照人体关节结构，以角度基准取代长度基准，由几根固定长度的臂连接绕互相垂直轴线转动的关节组成，在最后的转轴上装有探测系统的坐标测量装置，如图3-9所示。

（1）扫描原理。关节臂测量机的工作原理主要是设备在空间旋转时，同时从多个角度获取数据，而设备臂长为一定值，这样计算机就可以根据三角函数换算出测头当前的位置，从而转化为三维坐标的形式。

（2）应用领域。与传统的三坐标测量机相比，关节臂式坐标测量机具有体积小、质量轻、便于携带、测量灵活、测量空间大、环境适应性强、成本低等优点，广

图3-9 关节臂测量机

泛应用于航空航天、汽车制造、重型机械、轨道交通、产品检具制造、零部件加工等多个行业。随着近年来的不断发展，关节臂测量机已经具有三坐标测量、在线检测、逆向工程、快速成型、扫描检测、弯管测量等多种功能。

3. 拍照式三维扫描仪

（1）扫描原理。拍照式三维扫描仪又称照相式三维扫描仪或光栅扫描仪，主要采用结合光技术、相位测量技术和计算机视觉技术，由于其扫描原理与照相机拍照原理类似而得名。扫描时，将白光投射到被测物体上，使用两个有夹角的摄像头对物体进行同步取像，之后对所取图像进行解码、相位操作等计算，最终对物体各像素点的三维坐标进行计算，如图3-10所示。

（2）应用领域。拍照式三维扫描仪可搬至工件位置做现场测量，并可调节成任意角度实现全方位测量，适合各种大小和形状物体，如汽车、摩托车、家电、雕塑等的测量，对大型工件可分块测量，测量数据可实现自动拼合。

4. 激光式三维扫描仪　激光式三维扫描仪，通过高速激光扫描被测物体，大面积、高分辨率、快速地获取被测对象表面的三维坐标数据，快速、大量地采集空间点位信息，为快速建立物体的三维影像模型提供了一种全新的技术手段。由于其具有快速性、不接触性、实时、动态、主动性、高精度、数字化、自动化等特性，其应用推广引起了测量技术的又一次革命。

图 3-10　拍照式三维扫描仪

（1）扫描原理。三维激光扫描技术是利用激光测距原理，通过记录被测物体表面大量密集点的三维坐标、反射率和纹理等信息，快速复建被测目标的三维模型及线、面、体等数据。由于三维激光扫描系统可以密集且大量地获取目标对象的数据点，因此相对于传统的单点测量，三维激光扫描技术实现了从单点测量到面测量的革命性技术突破，如图 3-11 所示。

（2）应用领域。激光式三维扫描仪在文物古迹保

图 3-11　激光式三维扫描仪

护、建筑设计、工厂改造、室内设计、建筑监测、交通事故处理、法律证据收集、灾害评估、船舶设计、数字城市建设、军事分析等领域有了很多的尝试、应用和探索，并且在铁路铁轨制造、汽车制造、精密机械零件加工、电子元件检测中得到了广泛应用。特别是在逆向工程方面，激光式三维扫描仪负责曲面抄数、工件三维测量，针对已有的样品或模型，在没有技术文档的情况下，可快速测得物体的轮廓几何数据，并加以建构和编辑，生成通用输出格式的 CAD 模型。

三、三维扫描数据处理

通过三维扫描设备，获取被测物体表面的点云数据，再通过专业软件进行点云数据处理和模型重建，最后进行加工或比对检测。

1. 扫描获取点云数据　获取点云数据的方法较多，如图 3-12 所示。通过三维扫描设备采集到的点云数据，其质量是影响模型误差的关键因素之一。同时，点云数据的采集也是模型重建即根据需要逆向建模的基础。

三维扫描
数据处理

以手持式激光三维扫描仪 Handyscan 3D 为例，介绍数据采集过程。扫描仪外观如图3-13所示。

（1）准备工作。一般情况下，为确保良好的数据质量，在每个项目开始前，需要按用户手册规定步骤校准扫描设备。校准后，按设备操作规程连接系统，根据模型结构在部件上定位标点，并启动 VXelements 扫描软件，如图 3-14 所示。

（2）配置参数。根据物体结构和表面类型可预先自动配置扫描参数，如图 3-15 所示。

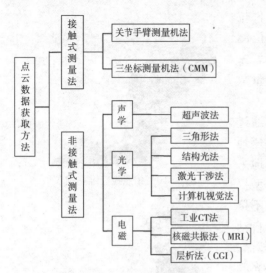

图 3-12　点云数据的获取方法

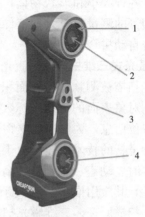

图 3-13　手持式激光扫描仪 Handyscan 3D
1. LED 灯　2、4. CCD 相机　3. 激光发射器

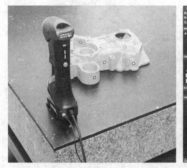

（a）设备连接

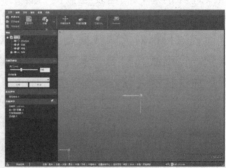

（b）软件页面

图 3-14　扫描准备工作

（a）

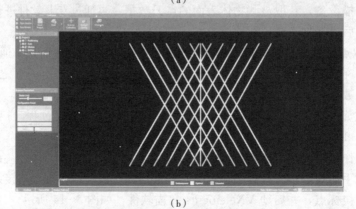

（b）

图 3-15　扫描参数配置

（3）扫描定位标点。参数配置后，按设备操作规范，正确使用扫描仪先扫描定位标点，如图 3-16 所示。

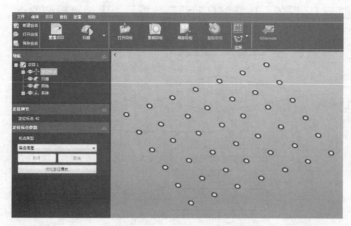

图 3-16 扫描定位标点

（4）扫描部件。按照用户对采集数据的使用需求，扫描仪采集表面可输出为网格（.stl）或点云（.txt）形式，如图 3-17 所示。

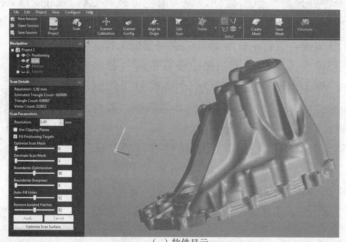

（a）软件显示

（b）网格数据

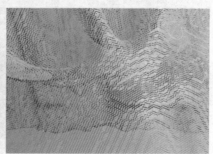

（c）点云数据

图 3-17 扫描部件

2. 点云数据的预处理 采集到的大量点云数据中，会包含一些杂点、离散点和噪声点等偏离模型的无效点。因此，需要通过第三方软件（如 Geomagic Wrap、Geomagic Design

X、UG、Pro/E 等）对点云数据进行预处理，为曲线拟合、模型构建等逆向建模过程做准备。点云处理的一般过程如图 3-18 所示。目前，很多三维扫描设备都能够自动识别和处理噪声点，一些先进的扫描设备，还能够自动精简数据，去除偏离模型的点。

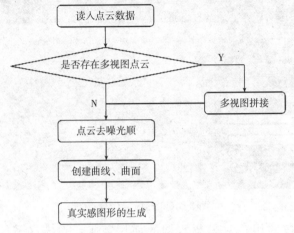

图 3-18 点云数据的处理过程

3. 模型重建 将处理好的点云数据，导入第三方软件（Geomagic Design X、UG 等）进行曲面重构。其中，Geomagic Design X 软件拥有强大的点云处理能力和逆向建模能力，可以与其他三维软件无缝衔接，适合工业零部件的逆向建模工作。

模型重构的一般流程是利用三维扫描设备获取的点云数据，经过 Geomagic Wrap 处理之后转化为 stl 格式的三角面片，再经过 Geomagic Design X 曲面建模得到实体数据，即可应用 UG 等软件进行模型的进一步优化或制造准备。

以毛球修剪器为例（图 3-19），说明模型重建的具体过程：

（1）建立毛球修剪器坐标系。经过 Geomagic Wrap 处理的 stl 数据，导入 Geomagic Design X，建立坐标系，如图 3-20 所示。

图 3-19 毛球修剪器实物

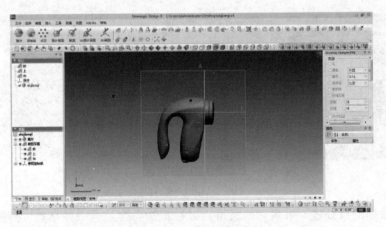

图 3-20 建立坐标系

（2）毛球修剪器把手、机身曲面创建。利用"3D草图""特征放样"创建自由曲面，完成毛球修剪器把手、机身造型，如图3-21所示。

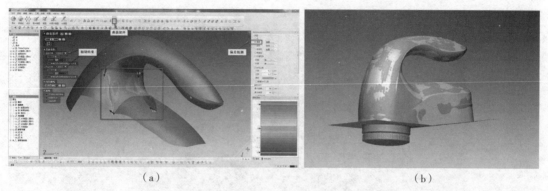

（a）　　　　　　　　　　　　　　　　　　　（b）

图3-21　把手、机身曲面创建

（3）毛球修剪器机口特征创建。利用"面片草图""特征拉伸"功能创建自由曲面，完成毛球修剪器机身造型，如图3-22所示。

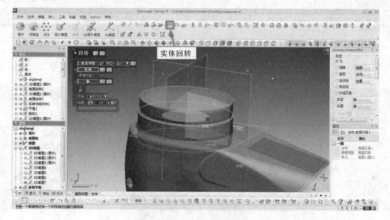

图3-22　机口特征创建

（4）特征曲面连接处创建。利用"放样"方法填补缺失的面，将整个工件连接，如图3-23所示。

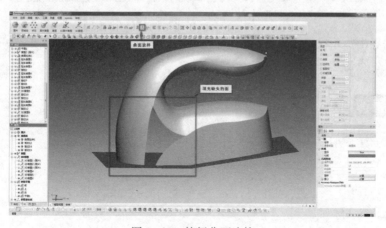

图3-23　特征曲面连接

（5）将所建立特征镜像，完成整体曲面，如图 3-24 所示。

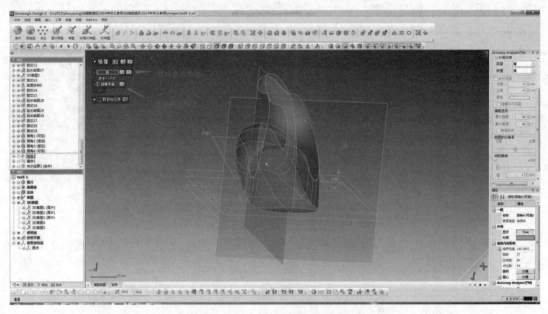

图 3-24　特征镜像

（6）将把手、机身、机口所有特征合成一个实体，边倒角，如图 3-25 所示。

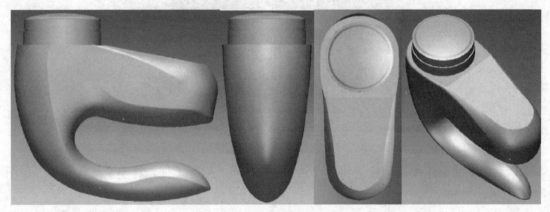

图 3-25　完成模型重构

（7）数据导出。依次点击"文件""输出"，选择要输出的模型，点击"对钩"。选择输出位置与格式，点击"保存"。

学习效果评价

完成本任务学习后，进行学习效果评价，如表 3-1 所示。

表 3‑1　学习效果评价

班级		学号		姓名		成绩	
任务名称							
评价内容			配分		得分		
能够描述三维扫描技术的含义和原理			20				
能够描述三维扫描技术应用领域			20				
能够描述三维扫描仪的分类和基本工作原理			20				
能够描述三维扫描数据处理的方法			20				
学习的主动性			5				
独立解决问题的能力			5				
学习方法的正确性			5				
团队合作能力			5				
总分			100				
建议							

任务二　3D 打印技术认知及应用

学习目标

1. 了解 3D 打印技术的基本原理、应用及发展。
2. 掌握 3D 打印技术的分类。
3. 了解 3D 打印的材料和设备。

思政目标

1. 培养民族自豪感和爱国主义情怀。
2. 培养创新意识，强化创新思维。
3. 培养发展制造业先进技术的责任感和使命感。

相关知识

3D 打印技术也称三维打印技术、快速成型技术。它集成了 CAD 技术、数控技术、激光技术和材料技术等现代科技成果，是先进制造技术的重要组成部分。

一、3D 打印技术认知

1. 3D 打印技术的基本原理　3D 打印技术作为一门新兴起的制造技术，其基本原理为离散原型、分层制造、逐层叠加。3D 打印技术不同于传统的加工方法，是集成了计算机辅助设计（CAD）、计算机数字控制（CNC）、精密机械、激光、新材料等于一体的高新技术，能快速将 CAD 三维模型制成实物原型。如图 3-26 所示，建立 CAD 模型（a），对模型进行分层设置（b），分层数据传输到 3D 打印机（c），设计打印参数，一层一层打印模型（d），最后进行后处理，即可获得实物。

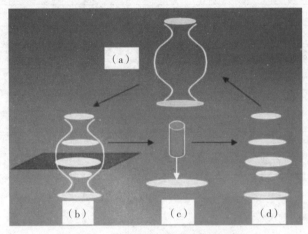

图 3-26 3D 打印技术基本原理

2. 3D 打印技术的应用

（1）工业领域。

①产品的外观评价。新产品的研发往往是从外形设计开始，外形是否美观、实用是现代产品极为重要的一个评价指标。采用 3D 打印技术能及时、方便地制作原型件，特别是形状复杂的原型件，与 CNC 机床加工和手工加工相比，原型件的形状越复杂，3D 打印技术的优势越明显，从而为新产品外观评价提供十分优越的条件，如图 3-27 所示。

②产品结构、尺寸与装配关系的验证。一个产品都是由若干个零部件构成的，决定产品性能的因素包括零部件之间的配合关系。用 3D 打印技术制作原型件无需传统的机床与工模具，这些原型件既可用于检验零部件本身的结构与尺寸，也可用来检验彼此的装配关系，从而能在设计初期及时发现与纠正错误，显著缩短研发周期，减少或避免返工，提高产品性能，如图 3-28 所示。

图 3-27 产品外观评价

图 3-28 装配关系验证

③产品的性能分析与测试。3D 打印成型的工件可用于产品性能分析与测试，如有限元分析、应力测试、空气动力学测试等。

④快捷、经济地制作模具。利用 3D 打印技术可以制作试制用模（快速软模）、快速过

渡模和快速批量生产模，这些模具在铸造生产与塑料成型中得到了众多应用。

（2）医学领域。

①与CT/MRI扫描构成配套的医用影像设备。利用CT/MRI扫描的图像信息，3D打印机可以直接制作人体器官的实体模型，有利于医生准确判断病人病情和确定医治方案（特别是外科手术）。因此，3D打印机很可能成为与CT/MRI扫描构成配套的必备医用影像设备。

②广泛制作个性化植入假体。3D打印成型工艺适合制作形状复杂而且不规则的物件，非常适用于植入假体的制作，特别是个性化植入假体，这种假体与标准系列产品相比有明显的优势，随着其成本的降低和制作效率的提高，势必会越来越多地得到应用。

（3）其他领域。随着3D打印技术的日趋发展和成熟，它在航空航天、军事、建筑、家电、考古、文化艺术、雕刻、首饰、食品、汽车等领域的应用也越来越广泛。

①建筑设计。在建筑业，工程师和设计师们已经开始使用3D打印技术打印建筑，这种方法快速、低成本、环保，同时制作精美，完全符合设计者的要求，可以节省大量的材料和时间。

②食品产业。研究人员已经开始尝试打印巧克力了。在不久的将来，很多看起来与真实食品一模一样的食品就是用食品3D打印机"打印"出来的。

③汽车制造业。汽车行业在进行安全性测试等工作时，会将一些非关键部件用3D打印的产品替代，在追求效率的同时降低成本。

④文化创意。在文化艺术领域，3D打印技术多用于艺术创作、文物复制、数字雕塑等。

3. 3D打印技术的发展　3D打印技术具有制造复杂物品不增加成本、产品多样化不增加成本、无须组装、零时间交付、设计空间无限、零技能制造、不占空间、便携制造、减少废弃副产品、材料无限组合等优点，广泛应用于各个领域。

目前，3D打印技术主要受材料的限制，虽然高端工业中可以实现塑料、某些金属或陶瓷打印，但还不能实现日常生活中所用的各种各样的材料打印，相对比较昂贵和稀缺的材料也无法打印。再者，受机器的限制，3D打印技术还没有普及每个家庭，不是每个人都能随意打印想要的东西。另外，如何制定与3D打印相关的法律法规来保护知识产权，也是我们面临的问题之一。

3D打印技术的未来发展，主要包括以下几个方面：

（1）提高产品的制造精度。通过提升3D打印技术的效率和精度，制定连续、大件、多材料的打印方法，提升产品的质量与性能。

（2）3D打印机的普及和通用化。减小机器体型，降低成本，操作简单化，使之更适应设计与制造一体化和家庭应用的需求。

（3）集成化与智能化发展。使工件设计与制造无缝对接，设计人员可通过网络控制远程制造。

（4）进一步拓展应用领域。3D打印技术在未来的发展空间，很大程度上由其是否具有完整的产业链决定，包括设备制造、材料研发与加工、软件设计及服务商，应用跟上了，就会极大地促进制造技术发展。

二、3D打印技术分类

目前，主要应用的3D打印技术有5种类型：熔融沉积成型、光固化成型、选择性激光烧结成型、薄材叠层制造成型和三维喷印成型。3D 打印技术体系可分解为几个彼此联系的基本环节：三维 CAD 造型、数据转换、切片分层、原型制造、后处理等。

1. 熔融沉积成型　熔融沉积成型（fused deposition modeling，FDM），是将丝状的热熔性材料加热熔化，通过带有微细喷嘴的喷头喷出，在打印平台沉积，一个层面沉积完成后，与前一层面融结在一起，工作台按预定的增量下降一个层的厚度，再继续熔喷沉积，直至完成整个实体造型。根据设备型号不同，喷头数量有 1～2 个。喷头可沿 x 轴方向移动，工作台可沿 y 轴、z 轴方向移动。如图 3‑29 所示。

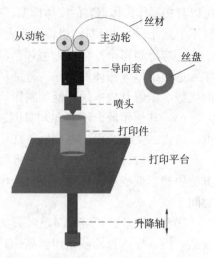

图 3‑29　熔融沉积成型

熔融沉积成型技术的优点是成本相对较低，成型材料广泛，后处理简单。不足之处是成型件表面有较明显的条纹或台阶纹，影响成型件的表面质量；并且受惯性影响，喷头无法快速移动，致使打印过程缓慢，打印时间较长。

2. 光固化成型　光固化快速成型（stereo lithography apparatus，SLA），原材料为液态光敏树脂，在计算机控制下激光沿液态光敏树脂分层截面逐点扫描，形成制件的一个截面薄层。一层固化后，工作台下降一层高度，再进行下一层的扫描固化，新固化的一层牢固地黏结在前一层上，依次逐层堆积，最后形成实物模型。除去支撑，进行后处理，即获得所需的实体，如图 3‑30 所示。

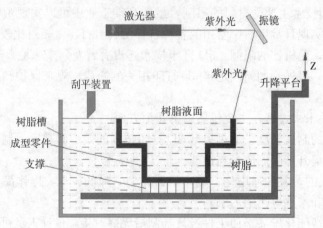

图 3‑30　光固化成型

光固化成型工艺生产周期短，制作过程智能化，成型速度较快，自动化程度较高，尺寸、精度较好，表面质量优良，成型过程中无噪声、无振动、无切削。适合制作面向熔模精密铸造的具有中空结构的消失模和任意几何形状的复杂零件。

光固化成型需要添加辅助支撑，设备运转及维护成本也比较高，可用于成型的材料种类较少，并且需要二次固化。

3. 选择性激光烧结成型　选择性激光烧结成型（selective laser sintering，SLS），首先建立三维模型，再用分层切片软件进行切片处理，生成各截面的轨迹参数。在计算机控制下，激光有选择地对粉末材料分层烧结，一层烧结完成后，工作台下降一个层厚高度，新粉末材料均匀地铺放在前一固化层上，再进行下一层扫描烧结，层层叠加，最终成型三维模型的实体制件，如图 3-31 所示。

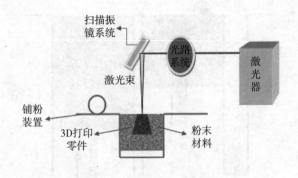

图 3-31　选择性激光烧结成型

　　选择性激光烧结成型的材料比较广泛，利用率较好，柔性度高，生产周期短，应用面较广。该工艺成型的产品表面光洁度一般不高，对于大尺寸工件经常存在翘曲等缺陷，成型过程需要预热、充保护气体等一些复杂的辅助工艺。

　　4. 薄材叠层制造成型　薄材叠层制造成型 (lam laminated object manufacturing，LOM)，也称分层实体制造技术。该工艺的原材料一般是纸、塑料薄膜等薄片材料，片材表面涂有热熔胶。成型时，片材受热，与下面已成型的工件黏结，激光器在黏结的片材上切割出零件截面轮廓和工件外框，工件的层数增加一层，高度增加一个料厚，再在新层上切割截面轮廓。如此反复，逐层堆积形成实体零件。如图 3-32 所示。

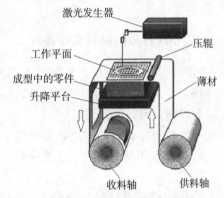

图 3-32　薄材叠层制造成型

　　薄材叠层制造成型的精度较高，成型件硬度和力学性能较好，易于制造大型零件，并且成型系统和成型材料价格低廉，成型时不需要设计辅助支撑，废料和余料比较容易剥离，也不需要进行固化处理。但是该工艺的材料利用率低，成型件表面有台阶纹，表面质量一般，需进行表面打磨，成型后还需要尽快进行表面防潮处理，成型的薄壁件抗拉强度和弹性欠佳。和其他 3D 打印成型工艺相比，由于适应面较窄，优势不够明显。

　　5. 三维喷印成型　三维喷印成型 (three dimensional printing，3DP)，是按设计好的零件模型，由打印头按照零件第一层粉末截面的形状喷洒黏结剂，成型缸平台向下移动一定距离，再由铺粉辊筒从储粉腔中平铺一层粉末到刚才打印完的粉末层上；再由打印头按照第二层截面的形状喷洒黏结剂，各个横截面层层重叠，得到零件整体，如图 3-33 所示。

　　三维喷印成型工艺的成本低，体积小，粉末材料类型选择广泛，成型速度较快，成型过程无污染，运行维护费用低，具有高度的柔性。但是，成型的零件强度相对低于其他 3D 打

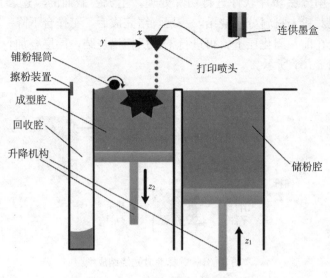

图 3-33 三维喷印成型

印成型件，并且制作精度还有待提高。

3D 打印技术除了上述 5 种成型工艺外，还有金属 3D 直接打印成型、DLP 激光成型技术等。

三、3D 打印的材料与设备

3D 打印技术的发展，也促进了 3D 打印材料的发展，打印技术不同，打印材料也是不一样的。

1. 3D 打印材料的分类

（1）按打印材料的物理状态分类。可分为液态材料、薄片材料、丝状材料和粉末材料。

（2）按打印材料的化学性能分类。可分为树脂类材料、石蜡类材料、金属材料、陶瓷材料等。

（3）按打印成型的方法分类。可分为 FDM 材料、SLA 材料、SLS 材料等。

3D 打印的
材料和设备

2. 常用的 3D 打印材料

（1）熔融沉积成型的材料。一般为丝状的热塑性材料，如 ABS、PLA、PC、尼龙等，如图 3-34 所示。

（2）光固化成型的材料。一般为液态的光敏树脂。

（3）选择性激光烧结成型的材料。一般为粉末材料，如金属粉末、陶瓷粉末、聚合物粉末等，如图 3-35 所示。

（4）薄材叠层制造成型的材料。一般为涂有热熔胶的片材，如纸片材、金属片材、陶瓷片材、塑料薄膜等。

（5）三维喷印成型的材料。可以是热塑性塑料、光敏塑料，也可以是金属粉末、陶瓷粉末、石膏粉、淀粉等。

3. 常见的 3D 打印设备 随着 3D 打印技术的不断发展，3D 打印设备更加智能化、集成

图 3-34 FDM 成型丝材

图 3-35 粉末材料

化，并且面向普通用户，更具有便携性，在打印精度方面也有很大提升。

（1）按成型技术原理。3D 打印设备可分为熔融沉积型打印机、光固化打印机、金属 3D 打印机等，如图 3-36 所示。

熔融沉积型打印机

光固化打印机

金属3D打印机

图 3-36 3D 打印设备一

（2）按设备应用面向。可分为桌面打印机、工业级打印机等，如图 3-37 所示。

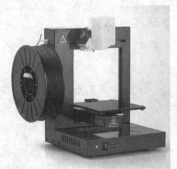

桌面打印机

工业级打印机

图 3-37 3D 打印设备二

学习效果评价

完成本任务学习后，进行学习效果评价，如表 3-2 所示。

表 3-2 学习效果评价

班级		学号		姓名		成绩	
任务名称							

评价内容	配分	得分
能够描述 3D 打印技术的基本原理	20	
能够描述 3D 打印技术的应用领域	20	
能够描述 3D 打印技术的分类	20	
能够描述 3D 打印的材料和设备	20	
学习的主动性	5	
独立解决问题的能力	5	
学习方法的正确性	5	
团队合作能力	5	
总分	100	
建议		

延伸阅读

孟剑锋：匠人精神制国礼

2014 年北京 APEC 会议期间，古老的中国錾刻技术，给各国元首留下了深刻的印象，在送给他们的国礼中，有一个是金色的果盘里放了一块柔软的丝巾，看到的人都会情不自禁地伸手去抓，结果没有一个人能抓得起来，原来这块丝巾是用纯银錾刻出来的。

錾刻工艺师孟剑锋就参与了这份国礼的制作。他已在工艺美术行业上奋斗了 22 年。孟剑锋是一个能够沉下心来做细活的人。为了提高技术水平，他勤练基本功，几个枯燥的动作，他能重复练习一年。他利用业余时间学习绘画，学习中国各个历史时期的工艺美术知识，积极探索新的工艺制作方法，大胆改进创新，创作出大量贵金属工艺摆件作品，先后制作了 2008 年北京奥运会优秀志愿者奖章、512 抗震英雄奖章、全国道德模范奖章、中国海军航母辽宁舰舰徽等作品，为中国传统文化的传播和工美事业的发展做出了贡献。他尝试改变铸造的焙烧温度、化料温度和倒料时的浇铸速度，经过反复试验、对比和推算，攻克了纯银铸造的工艺难题，使成品率提高了近 50 个百分点，大大提高了生产效率，减少了生产成本。

孟剑锋是位坚守传承、勇于创新的工美匠人，他用最朴实的劳动践行着一名普通劳动者的责任和一个共产党员的坚守。

思 考 题

1. 三维扫描技术有哪些应用?
2. 三维扫描仪有哪些种类?
3. 3D 打印技术有哪些应用?
4. 3D 打印技术有哪些种类?
5. 简述 3D 打印的材料和设备。

项目四

特种加工技术认知及应用

任务一 特种加工技术认知

相关知识

随着工业生产的发展和科学技术的进步，具有高熔点、高硬度、高强度、高韧性的新型材料不断涌现，而且结构复杂和工艺要求特殊的机械零件也越来越多。这时，仅仅采用传统的机械加工方法来加工这些零件，就会十分困难，甚至无法加工。因此，人们除进一步完善和发展传统的机械加工方法外，还借助于现代科学技术，开发出有别于传统机械加工的新型加工方法——特种加工。

特种加工（nontraditional machining）是相对于一切传统的加工方法而言的，也称非传统加工或现代加工方法，泛指用电能、热能、光能、电化学能、化学能、声能及特殊机械能等能量达到去除或增加材料的加工方法，使材料能够被去除、被镀覆，或使材料发生变形或性能的改变。

特种加工与机械加工有本质不同，它不要求工具材料比工件材料更硬，也不需要在加工过程中施加明显的机械力，而是直接利用电能、化学能、光能和声能等对工件进行加工，以达到一定的形状、尺寸和表面粗糙度要求。特种加工的种类很多，主要包括电火花加工、电解加工、电解磨削加工、超声波加工、激光加工、离子束加工、电子束加工等。目前，特种加工不仅有系列化的先进设备，而且广泛用于机械制造的各个部门，已成为机械制造中必不可少的重要加工方法。

一、特种加工的产生和发展

传统的机械加工有很悠久的历史，它对人类的生产和物质文明的进步起了极大的促进作用。例如，18 世纪 70 年代就发明了蒸汽机，但苦于制造不出高精度的蒸汽机汽缸，无法推广应用，直到有人创造和改进了汽缸镗床，解决了蒸汽机主要部件的加工工艺，才使蒸汽机获得了广泛应用，从而引发了世界性的第一次产业革命。到第二次世界大战以前，在这段长达 100 多年靠机械切削加工（包括磨削加工）的漫长年代里，并没有产生对特种加工的迫切要求，也没有发展特种加工的条件。人们的思想一直仍局限在自古以来传统的用机械能量和切削力的方法来去除多余金属以达到加工要求的禁锢中。

直到 1943 年，苏联拉扎林柯夫妇在研究火花放电时开关触点遭受腐蚀损坏的现象和原因，发现电火花的瞬间高温可使局部的金属熔化、汽化而被蚀除掉，因此开创和发明了电火花加工方法，并用铜丝在淬火钢上加工出小孔。自那时起，人们开始用软的工具加工硬的金属材料，首次摆脱了传统的切削加工方法，直接利用电能和热能来去除金属，达到"以柔克刚"的效果。

第二次世界大战后，特别是 20 世纪 50 年代以来，随着生产的发展和科学实验的需要，很多工业部门尤其是国防工业部门，要求尖端产品向高精度、高速度、耐高温、耐高压、大功率、小型化等方向发展，所使用的材料越来越难加工，零件形状越来越复杂，表面精度、表面粗糙度和某些特殊要求标准也越来越高。某些工艺问题依靠传统的切削加工方法很难实现，甚至无法实现，人们相继探索研究新的加工方法，特种加工就是在这种前提下产生和发展起来的。特种加工的出现还在于它具有切削加工所不具有的本质和特点。

切削加工的本质和特点：一是靠刀具材料比工件更硬，二是靠机械能把工件上多余的材料切除。但是，当工件材料越来越硬，加工表面越来越复杂时，切削加工就限制了生产率或影响了工件加工质量。于是人们探索用软的工具加工硬的材料，不仅用机械能而且用电、化学、光、声等能量来进行加工。到目前为止，已经找到了多种这一类的加工方法，统称为特种加工。它们与切削加工的不同点是：

（1）不是主要依靠机械能，而是主要用其他能量（如电、化学、光、声、热等）改变金属材料性能；

（2）工具硬度可以低于被加工材料的硬度；

（3）加工过程中工具和工件之间不存在显著的机械切削力。

二、特种加工的分类

按能量来源对特种加工分类如表 4 - 1 所示。

表 4 - 1　特种加工分类

能量来源	加工方式
电、热	电火花加工、电子束加工、等离子束加工
电、机械	离子束加工
电化学	电解加工
电化学、机械	电解磨削
声、机械	超声波加工
光、热	激光加工
化学	化学加工

（续）

能量来源	加工方式
液流	液流加工
流体、机械	磨料流动加工、磨料喷射加工

在特种加工发展中也形成了某些过渡性的工艺，它具有特种加工和常规机械加工的双重特点，是介于两者之间的加工方法。例如，在切削过程中引入超声振动或低频振动切削；在切削过程中通过低电压、大电流的导电切削；加热切削以及低温切削等。这些加工方法是在切削加工的基础上发展起来的，目的是改善切削的条件，基本上还属于切削加工。

在特种加工范围内还有一些属于改善表面粗糙程度或表面性能的工艺，前者如电解抛光（图4-1）、化学抛光、离子束抛光等，后者如电火花表面强化、镀覆、刻字、电子束曝光、离子束注入掺杂等。

此外，还有一些不属于尺寸加工的特种加工，如液体中放电成型加工、电磁成型加工、爆炸成型加工及放电烧结等。

图4-1 电解抛光

三、特种加工的工艺特点

各种特种加工工艺逐渐被广泛应用，引起了机械制造工艺技术领域内的许多变革，如对工艺路线的安排、新产品的试制、产品零件结构的设计、零件结构工艺性好坏的衡量等产生了一系列很大的影响。

1. 改变了零件加工的典型工艺路线　以往除磨削外，其他切削加工、成型加工等都必须安排在淬火热处理工序之前，这是所有工艺人员不可违反的工艺准则。特种加工的出现改变了这种一成不变的程序。由于它基本上不受工件硬度的影响，为了免除加工后淬火引起热处理变形，一般都先淬火后加工。最为典型的是电火花线切割加工、电火花成型加工和电解加工等。

特种加工的出现还对工序的"分散"和"集中"产生了影响。以加工齿轮、连杆等锻模型腔为例，由于特种加工时没有显著的切削力，机床、夹具、工具的强度、刚度不是主要矛盾，即使是较大的、复杂的加工表面，往往可用一道工序加工出来，工序比较集中。

2. 缩短试制新产品周期　采用光电、数控电火花线切割，可直接加工出各种标准和非标准齿轮（包括非圆齿轮、非渐开线齿轮）、微电机定子、转子硅钢片、各种变压器铁芯、各种特殊和复杂的二次曲面体零件，可以省去设计和制造相应的刀、夹、量具及二次工具，大大缩短了试制周期。

3. 对产品零件结构的设计带来很大的影响　例如，花键孔、轴、枪炮膛线的齿根部分，从设计观点来看，为了减少应力集中，最好做成小圆角，但拉削加工时刀齿做成圆角对排屑不利，容易磨损，只能设计与制造成清棱清角的齿根，而用电解加工，很容易实现圆角齿根。又如，各种复杂冲模如山形硅钢片冲模，过去由于不易制造，往往采用镶拼结构，采用电火花线切割加工后，即使是硬质合金的刀具、模具，也可以做成整体结构。

4. 传统的结构工艺性的好坏需要重新衡量 过去方孔、小孔、弯孔、窄缝等被认为是工艺性很"坏"的典型，是工艺、设计人员非常"忌讳"的，有的甚至是机械结构的"禁区"。特种加工改变了这种现象。对于电火花穿孔、电火花线切割工艺来说，加工方孔和加工圆孔的难易程度是一样的。喷油嘴小孔，喷丝头小异型孔，涡轮叶片大量的小冷却深孔、窄缝，静压轴承、静压导轨的内油囊型腔等，采用电加工后都变难为易了。过去淬火前忘了钻定位销孔、铣槽等工艺，淬火后这种工件只能报废，现在则可用电火花打孔、切槽进行补救。相反有时为了避免淬火开裂、变形等影响，有意把钻孔、开槽等工艺安排在淬火之后。

各种特种加工方法的出现不但解决了许多难题，而且也为从事机械制造的工程技术人员提供了更多改善工艺措施的途径。表4-2分别列举和对比各种特种加工方法的可加工材料、工具损耗率、材料去除率、可达到的尺寸精度、可达到的表面粗糙度及主要适用范围。必须注意的是，在不同的国家、地区和单位，由于技术水平、工件材质、设备和加工条件等的不同，这些指标会有较大的出入。

表4-2 常用特种加工方法的综合比较

加工方法	可加工材料	工具损耗率/%（最低/平均）	材料去除率/（mm³/min）（平均/最高）	可达到的尺寸精度/mm（平均/最高）	可达到的表面粗糙度/μm（平均/最高）	主要适用范围
电火花加工	任何导电的金属材料，如硬质合金、耐热钢、不锈钢、淬火钢、钛合金等	0.1/10	30/3 000	0.03/0.003	0.6/0.4	从数微米的孔槽到数米的超大型模具、工件等，如圆孔、方孔、异型孔、深孔、微孔、螺纹孔以及冲模、锻模、压铸模、塑料模、拉丝模。还可刻字、表面强化、涂覆加工
电火花线切割加工		较小（可补偿）	20/200	0.02/0.002	0.8/0.4	切割各种冲模、塑料模、粉末冶金模等二维及三维直纹面组成的模具及零件。可直接切割各种样板、磁钢及硅钢片冲片模。也常用于钼、钨、半导体材料或贵重金属的切割
超声波加工	任何脆性的材料	0.1/10	1/50	0.03/0.005	0.5/0.01	加工、切割脆硬材料，如玻璃、石英、宝石、金刚石、半导体单晶锗、硅等。可加工型孔、型腔、小孔、深孔和切割等
激光加工	任何材料	不损耗	瞬时去除率很高，受功率限制，平均去除率不高	0.01/0.001	0.1/0.001	精密加工小孔、窄缝及成型切割、刻蚀，如金刚石拉丝模、钟表宝石轴承、化纤喷丝机丝头、镍、不锈钢板上打小孔，切割钢板、石棉、纺织品、纸张。还可用于焊接、热处理

(续)

加工方法	可加工材料	工具损耗率/%（最低/平均）	材料去除率/（mm³/min）（平均/最高）	可达到的尺寸精度/mm（平均/最高）	可达到的表面粗糙度/μm（平均/最高）	主要适用范围
电子束加工	任何材料	不损耗	瞬时去除率很高，受功率限制，平均去除率不高	0.01/0.001	0.1/0.001	在各种难加工材料上打微孔、切缝、蚀刻以及焊接等，现常用于制造中、大规模集成电路微电子器件
离子束加工		不损耗	很低	0.01/0.001	0.1/0.001	对零件表面进行超精密或超微量加工、抛光、刻蚀、掺杂、镀覆等

学习效果评价

完成本任务学习后，进行学习效果评价，如表 4-3 所示。

表 4-3　学习效果评价

班级		学号		姓名		成绩	
任务名称							
评价内容				配分		得分	
能够描述特种加工技术的概念				20			
能够描述特种加工技术的产生和发展				20			
能够描述特种加工的类别				20			
能够描述特种加工的特点				20			
学习的主动性				5			
独立解决问题的能力				5			
学习方法的正确性				5			
团队合作能力				5			
总分				100			
建议							

任务二　激光加工应用

学习目标

1. 掌握激光加工的概念及基本原理。
2. 了解激光加工设备的种类。

3. 掌握激光加工的特点，了解激光加工的应用。

思政目标

培养团队合作精神和工匠精神。

相关知识

激光加工是指利用光的能量经过透镜聚焦后，在焦点上达到很高的能量密度产生的光热效应来加工各种材料。激光加工已经用于打孔、切割、电子器件的微调、焊接、热处理以及激光存储等各个领域。

原子由一个带正电荷的原子核和若干个带负电荷的电子组成，各个电子围绕原子核做轨迹运动。电子的每一种运动状态对应着原子的一个内部能量值，称为原子的能级。原子的最低能级称为基态，能量比基态高的能级均称为激发态。

激光加工

光和物质的相互作用可归纳为光和原子的相互作用，这些作用会引起原子所处能级状态的变化。在正常情况下，物质体系中处于低能级的原子数总比处于高能级的原子数多，这使吸收过程总是胜过受激过程。要使受激发射过程胜过吸收过程，实现光放大，就必须以外界激励来破坏原来粒子数的分布，使处于低能级的粒子吸收外界能量跃迁到高能级，实现粒子数的反转，即使高能级上的原子数多于低能级上的原子数，这个过程称为激励。激励之后的高能级原子跃迁到低能级而发射光子，即产生激光。

人们可以利用透镜将太阳光聚焦，引燃易燃物取火种或加热烧水等，但却无法用它来加工材料。原因一是太阳光的能量密度不高；二是太阳光不是单色光，而是多种不同波长的多色光，聚焦后焦点并不在同一平面内。

一、激光加工的基本原理

激光加工就是利用激光器发射出来的具有高方向性和高亮度的激光，通过光学系统把激光束聚焦成一个极小的光斑（直径仅有几微米或几十微米），使光斑处获得极高的功率密度（$10^7 \sim 10^{11}$ W/cm^2），达到上千摄氏度的高温，从而能在很短的时间内使各种物质熔化和汽化，达到蚀除工件材料的目的（图 4-2）。

激光加工是一个高温过程。就其机理而言，一般认为，当功率密度极高的激光照射在被加工表面时，光能被加工表面吸收并转换成热能，使照射斑点的局部区域迅速熔化甚至汽化蒸发，并形成小凹坑，同时开始热扩散，使斑点周

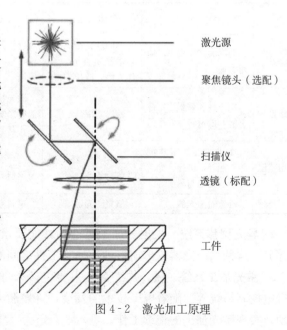

激光源
聚焦镜头（选配）
扫描仪
透镜（标配）
工件

图 4-2 激光加工原理

围金属熔化。随着激光能量的继续吸收，凹坑中金属蒸汽迅速膨胀，压力突然增加，熔融物被爆炸性地高速喷射出来，其喷射所产生的反冲压力又在工件内部形成一个方向性很强的冲击波。这样，工件材料就在高温熔融和冲击波作用下，蚀除了部分物质，被打出一个具有一定锥度的小孔。

二、激光加工设备

激光加工的基本设备由激光器、导光聚焦系统和加工机（激光加工系统）3 个部分组成。激光加工设备如图 4-3 所示，加工状态如图 4-4 所示。

图 4-3　激光加工设备

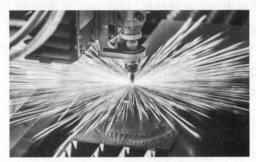

图 4-4　激光加工状态

1. 激光器　激光器是激光加工的重要设备，其任务是把电能转变成光能，产生所需要的激光束。激光器按工作物质的种类可分为固体激光器、气体激光器、液体激光器、化学激光器和半导体激光器五大类。由于 He-Ne（氦-氖）气体激光器所产生的激光不仅容易控制，而且方向性、单色性及相干性比较好，因而在机械制造的精密测量中被广泛采用。激光器的种类见表4-4。

表 4-4　激光器的种类

激光器	固体激光器	气体激光器	液体激光器	化学激光器	半导体激光器
优点	功率大，体积小，使用方便	单色性、相干性、频率稳定性好，操作方便，波长丰富	价格低廉，设备简单，输出波长连续可调	体积小，质量轻，效率高，结构简单、紧凑	不需外加激励源，适合于野外使用
缺点	相干性和频率稳定性不够，能量转换效率低	输出功率低	激光特性易受环境温度影响，进入稳定工作状态耗时长	输出功率较低，发散角较大	目前功率较低，但有希望获得巨大功率
应用范围	工业加工、雷达测距、制导、医疗、光谱分析、通信与科研等	应用最广泛，遍及各行各业	医疗、农业和各种科学研究	通信、测距、信息存储与处理等	测距、军事、科研等
常用类型	红宝石激光器	氦氖激光器	染料激光器	砷化镓激光器	氟氢激光器

2. 导光聚焦系统　根据被加工工件的性能要求，光束经放大、整形、聚焦后作用于加工部分，这种从激光器输出窗口到被加工工件之间的装置称为导光聚焦系统。

3. 激光加工系统　激光加工系统主要包括床身、能够在三维坐标范围内移动的工作台及机电控制系统等。随着电子技术的发展，许多激光加工系统已采用计算机来控制工作台的移动，实现激光加工的连续工作。

三、激光加工的特点与应用

1. 激光加工的特点

（1）加工范围广。由于其功率密度高，几乎能加工任何金属和非金属材料，如高熔点材料、耐热合金、硬质合金、有机玻璃、陶瓷、金刚石等。

（2）操作简单方便。激光加工不需要加工刀具，所以不存在刀具损耗的问题，也不需要特殊工作环境，可以在任意透明的环境中操作，包括空气、惰性气体、真空，甚至某些液体。

（3）适用于精微加工。激光聚焦后的光斑直径极小，能形成极细的光束，可以用来加工深而小的细孔和窄缝。因不需刀具，加工时无机械接触，工件不受明显的切削力，可以加工刚度较差的零件。

（4）激光头不需要太靠近难于接近的地方去进行切削和加工，甚至可以利用光纤传输进行远距离遥控加工。

（5）因能量高度集中，加工速度快、效率高，可减少热传导带来的热变形。但对具有高热传导和高反射率的金属，如铝、铜及它们的合金，用激光加工时效率较低。

（6）可控性好，易于实现自动化。将激光器与工业机器人结合，可以在高温、有毒或其他危险环境中工作。同时由于一台激光器可进行切割、打孔、焊接、表面处理等多种加工，因而工作母机加上激光器，一台机器就能同时具备多种功能，开辟了新的自动化加工方式。

2. 激光加工的应用　在激光加工中利用激光能量高度集中的特点，可以打孔、切割、焊接及表面热处理等。利用激光的单色性还可以进行精密测量。

（1）激光打孔。激光打孔是激光加工中应用最早和最广泛的一种加工方法，如图 4-5 所示。利用凸镜将激光聚焦在工件上，焦点处的高温使材料瞬时熔化、汽化、蒸发。汽化物质以高速喷射出来，它的反冲击力在工件内部形成一个向后的冲击力，在此力的作用下将孔打出。激光打孔速度极快，效率极高。例如，用激光给手表的红宝石轴承打孔，每秒钟可加工 14～16 个，合格率达 99%。目前常用于微细孔和超硬材料打孔，如柴油机喷嘴、金刚石拉丝模、化纤喷丝头、卷烟机上用的集流管等。

图 4-5　激光打孔机

（2）激光切割。与激光打孔原理基本相同，激光切割也是将激光能量聚集到很微小的范围内把工件烧穿，但切割时需移动工件或激光束（一般移动工件），沿切口连续打一排小孔即可把工件割开。激光可以切割金属、陶瓷、半导体、布、纸、橡胶、木材等。激光切割具有切缝窄、工件变形小、非接触、能与计算机配合进行高速加工等特点，如图 4 - 6 所示。

图 4 - 6　激光切割机

（3）激光焊接。激光焊接与激光打孔原理稍有不同，焊接时不需要那么高的功率密度使工件材料汽化蚀除，而只要将工件的加工区烧熔，使其黏合在一起。因此，所需功率密度较低，可用小功率激光器。与其他焊接相比，它具有焊接时间短、效率高、无喷渣、被焊材料不易氧化、热影响区小等特点。它不仅能焊接同种材料，而且可以焊接不同种类的材料，甚至可以焊接金属与非金属材料，如图 4 - 7 所示。

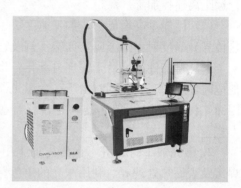

图 4 - 7　激光焊接机

（4）激光的表面热处理。激光的表面热处理是指利用激光对金属工件表面进行扫描，从而引起工件表面金相组织发生变化进而对工件表面淬火、粉末黏合等。用激光进行表面淬火，工件表层的加热速度极快，内部受热极少，工件不产生热变形。特别适合于对齿轮、气缸筒等形状复杂零件的表面淬火。同时由于不必用加热炉，故也适合于大型零件的表面淬火。粉末黏合是在工件表层上用激光加热后融入其他元素，可提高和改善工件的综合力学性能。此外，还可以利用激光除锈、激光消除工件表面的沉积物等。

操作激光器的安全注意事项：
（1）使用激光器一般都必须在密闭室内空间；
（2）不要直视激光光束，对大功率红外或紫外等不可见光尤其要注意；
（3）操作激光时不要戴手表、首饰等反射较强的饰物；
（4）任何时候都不要忘记戴防护镜；
（5）在激光工作地点门口和室内贴上警示标签；
（6）所有激光器操作人员必须经过培训。

学习效果评价

完成本任务学习后，进行学习效果评价，如表 4 - 5 所示。

表 4 - 5　学习效果评价

班级		学号		姓名		成绩	
任务名称							
评价内容			配分		得分		
能够描述激光加工的概念及原理			20				
能够描述常用激光加工设备的种类			20				
能够描述激光加工的特点			20				
能够描述激光加工应用范围			20				
学习的主动性			5				
独立解决问题的能力			5				
学习方法的正确性			5				
团队合作能力			5				
总分			100				
建议							

任务三　电子束加工应用

学习目标

1. 掌握电子束加工的基本原理。
2. 掌握电子束加工的特点。
3. 了解电子束加工装置及应用。

思政目标

培养爱国奉献精神和吃苦耐劳精神。

相关知识

电子束加工（electron beam machining，EBM）是近年来发展较快的新兴特种加工技术。它在精细加工方面，尤其是在微电子学领域得到了较多应用。

一、电子束加工的基本原理

电子是一个非常小的粒子（半径 2.8×10^{-9} mm），质量很小（2.8×10^{-29} g），但其能量很高，可达几百万电子伏（eV）。电子枪射出的电子束可以聚焦到直径为 $5 \sim 10 \mu$m，因此有很高的能量密度，可达 $10^6 \sim 10^9$ W/cm²。高速高能量密度的电子束冲击到工件材料上，在几分之一微秒的瞬间，入射电子与原子相互碰撞，产生局部高温（高达几千摄氏度），使工件材料局部熔化、汽化、蒸发成为雾状粒子而被真空系统去除，这就是电子束加工。电子束加工结构原理如图4-8所示。

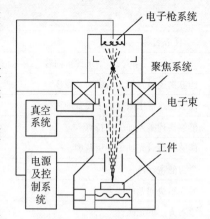

高能电子束具有很强的穿透能力，穿透深度为几微米甚至几十微米。通过控制电子束能量密度的大小和能量注入时间，就可以达到不同的加工目的：

（1）提高电子束能量密度，使材料熔化或汽化，便可进行打孔、切割等加工。

（2）使材料局部熔化可进行电子束焊接。

（3）只使材料局部加热就可进行电子束热处理。

（4）利用较低能量密度的电子束轰击高分子材料时产生化学反应，就可进行电子束加工。

图4-8 电子束加工结构原理

二、电子束加工的特点

（1）电子束能够极细微聚焦，加工面积可以很小，能够加工细微深孔、窄缝、半导体集成电路等。

（2）加工材料的范围较广，导体与非导体及半导体材料都可以加工。因为是在真空中加工，不易被氧化，特别适合加工易氧化的金属及合金材料，以及纯度要求极高的半导体材料，且污染少。

（3）加工速度快、效率高。1s可以在2.5mm厚的钢板上钻50个直径为0.4mm的孔，其效率比电加工高几十倍。

（4）因为电子束加工是非接触式加工，不受机械力作用，故加工工件不易产生宏观应力和变形。

（5）可以通过磁场和电场对电子束强度、位置、聚焦等进行直接控制，便于计算机自动控制。

（6）设备价格较贵，成本高，同时需要考虑X射线的防护问题。

三、电子束加工装置

电子束加工装置一般由电子枪系统、真空系统、电源及控制系统3个部分组成，如图4-9所示为电子束加工装置。

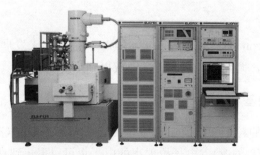

电子束加工
装置及应用

图4-9 电子束加工装置

1. 电子枪系统　电子枪系统包括电子发射阴极、控制栅极和加速阳极等（图 4 - 10）。阴极经电流加热发射电子，带负电荷的电子高速飞向带高电位的正极。在飞向正极的过程中，经过加速极加速，并通过电磁透镜把电子束聚焦成很小的束流。

2. 真空系统　真空系统用来保证环境所需 $1.4 \times 10^{-2} \sim 1.4 \times 10^{-4}$ Pa 的真空度，同时不断地把加工中产生的金属蒸汽抽去，以免加工时金属蒸汽影响电子发射而出现不稳定现象。真空系统一般由机械旋转泵和油扩散泵或涡轮分子泵组成，先用机械旋转泵把真空室抽至 $1.4 \sim 0.14$ Pa 的初步真空度，然后再用由油扩散泵或涡轮分子泵抽至 $1.4 \times 10^{-2} \sim 1.4 \times 10^{-4}$ Pa 的高真空度。

3. 电源及控制系统　电子束加工装置控制系统包括束流聚焦控制、束流位置控制、束流强度控制以及工作台位移动控制等部分。另外，电子束加工装置对电源电压的稳定性要求很高，因此需用稳压设备。

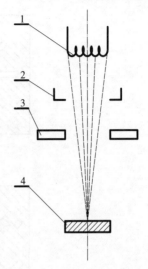

图 4 - 10　电子枪系统
1. 电子发射阴极　2. 控制栅极
3. 加速阳极　4. 工件

四、电子束加工的应用

电子束加工按其功率密度和能量注入时间的不同，可分别用于打孔、切割、蚀刻、焊接、热处理、光刻加工等。

1. 高速打孔　利用电子束打孔，孔的深径比可达 10∶1，最小直径可达 0.003mm，而且打孔速度极快。例如，用电子束加工玻璃纤维喷丝头上直径为 0.8mm、深 3mm 的孔，效率可达 20 孔/s，比电火花打孔快 100 倍；在人造革、塑料上可以用 50 000 孔/s 的极高速打孔。

2. 加工型孔和特殊表面　利用电子束在磁场中偏转的原理，使电子束在工件内部偏转，控制电子速度和磁场强度，即可控制曲率半径，便可以加工一定要求的弯曲孔。如果同时改变电子束和工件的相对位置，就可以进行切割和开槽等加工。图 4 - 11 所示为用电子束加工喷丝头异型孔。

3. 焊接　当高能量密度的电子束轰击焊接表面时，可以使焊件接头处的金属熔化，在电子束连续不断地轰击下，形成一个被熔融金属环绕着的毛细管状的熔池。若焊件按一定的速度沿着焊缝与电子束做相对移动，则接缝上的熔池由于电子束的离开重新凝固，使焊件的整个接缝形成一条完整的焊缝。

由于电子束的能量密度高、焊接速度快，所以电子束焊接时焊缝深而窄，且对焊件的热影响小，可以在工件精加工后进行。因焊接在真空中进行且一般不用焊条，焊缝化学成分纯净，焊接接头的强度往往高于母材。

利用电子束可以焊接钽、铌、钼等难熔金属，也可焊接钛、铀等活性金属，还能完成用一般焊接方法难以完成的异种金属焊接，如铜和不锈钢、钢和硬质合金等的焊接。图 4 - 12 所示为电子束焊接设备。

4. 蚀刻　在微电子器件生产中，为了制造多层固体组件，可利用电子束在陶瓷或半导

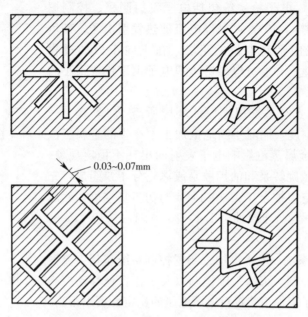

图 4-11　用电子束加工喷丝头异型孔

图 4-12　电子束焊接设备

体材料上刻出许多微细沟槽和孔，如在硅片上刻出宽 $2.5\mu m$、深 $0.25\mu m$ 的细槽，在混合电路电阻的金属镀层上刻出 $40\mu m$ 宽的线条等。

5. 热处理　电子束热处理是把电子束作为热源，适当控制电子束的能量密度，使金属表面加热而不熔化，达到热处理的目的。电子束热处理的加热速度和冷却速度都很高，在相变过程中，奥氏体化时间很短，只有几分之一秒，奥氏体晶粒来不及长大，从而能获得一种超细晶粒组织，使工件获得用常规热处理达不到的硬度，硬化深度可达 $0.3\sim0.8mm$。

🖹 学习效果评价

完成本任务学习后，进行学习效果评价，如表 4-6 所示。

表 4-6　学习效果评价

班级		学号		姓名		成绩	
任务名称							
评价内容			配分		得分		
能够描述电子束加工的基本原理			20				
能够描述电子束加工装置			20				
能够描述电子束加工的特点			20				
能够描述电子束加工的应用范围			20				
学习的主动性			5				
独立解决问题的能力			5				
学习方法的正确性			5				
团队合作能力			5				
总分			100				
建议							

任务四　液力加工应用

学习目标

1. 掌握液力加工的基本原理。
2. 掌握液力加工的参数术语。
3. 了解液力加工的设备和工具。
4. 了解液力加工的应用。

液力加工

思政目标

1. 培养分析问题、解决问题的能力。
2. 培养爱岗敬业精神。

相关知识

液力加工是近年来得到较大发展的特种加工工种，它在精细加工方面，尤其在加工很薄、很软的金属和非金属材料方面得到了较多应用。

一、液力加工的基本原理

液力加工是利用高速液流对工件的冲击作用来加工的。液力加工采用的液体为水或带有添加剂的水。液体由水泵抽出，通过增压器增压，储液蓄能器使脉动的液流平稳。液体从人造蓝宝石喷嘴喷出，以接近 3 倍音速的高速直接压射在工件加工部位上。加工深度取决于液压压射的速度、压力以及压射距离（图 4 - 13）。

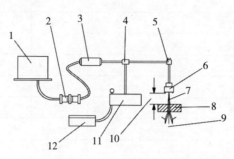

图 4 - 13　液力加工原理
1. 带有过滤器的水箱　2. 水泵　3. 储液蓄能器
4. 控制器　5. 阀　6. 蓝宝石喷嘴　7. 射流
8. 工件　9. 排水口　10. 压射距离
11. 液压机构　12. 增压器

二、液力加工的参数术语

液力加工的参数术语如图 4 - 14 所示。

切割速度取决于工件材料，并与所用的功率大小成正比、与材料厚度成反比。加工精度主要受机床精度的影响，切缝直径约比所采用的喷嘴孔径大 0.025mm。加工复合材料时，采用的射流速度要高，喷嘴直径要小，并采用小的前角，喷嘴紧靠工件，压射距离要小。喷嘴越小，加工精度越高，但材料去除速度降低。

切边质量受材料性质的影响很大，软材料可以获得光滑表面，塑性好的材料可以获得高质量的切边。液压过低会降低切边质量，尤其对复合材料，容易引起材料离层或起鳞。液力加工时，喷嘴采用正前角（图 4 - 15）可改善切割质量。进给速度低可以改善切割质量，因此加工复合材料时应采用较低的切割速度，以避免在切割过程中出现材料分层现象。

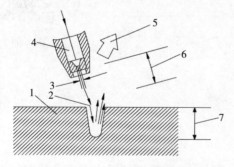

图 4 - 14　液力加工的参数术语
1. 工件　2. 射流速度　3. 喷嘴直径　4. 出口压力
5. 进给方向　6. 压射距离　7. 穿透深度

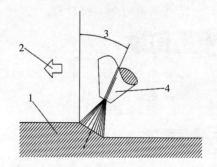

图 4 - 15　液力加工喷嘴角度
1. 工件　2. 喷嘴运动方向　3. 正前角　4. 喷嘴

水中加入添加剂能改善切割性能和减少切割宽度。另外，压射距离对切口斜度的影响很大，压射距离越小，切口斜度越小。高功率密度的射流束将导致温度升高，进给速度低时有可能使某些塑料熔化。

液力加工过程中，切屑混入液体中，故不存在灰尘，不会有爆炸或火灾的危险。液力加工时会产生噪声，噪声随压射距离的增加而增加。在液体中加入添加剂或调整到合适的前角，可以降低噪声，噪声分贝值一般低于标准规定。

三、液力加工的设备和工具

液力加工需要液压系统和机床，机床不是通用的，每种机床的设计应符合具体的加工要求。液压系统产生的压力应能达到 400MPa，液压系统还包括控制器、过滤器以及耐用性好的液压密封装置。加工区需要一个排水系统和储液槽。

液力加工时作为工具的射流束是不能变钝的，因此喷嘴质量要好。同时，液体要经过过滤才能使用，过滤后的微粒小于 $0.5\mu m$，以减少对喷嘴的腐蚀。切削时的摩擦阻尼很小，所需的夹具也较简单。采用多路切割时应配备多个喷嘴。

液力加工采用程序控制是最理想的，目前，已经出现的程序控制液力加工机床的工作台尺寸为 $1.2m \times 1.5m$，移动速度为 380mm/s。

四、液力加工的应用

液力加工的液体射流束直径为 $0.05\sim0.38mm$，可以加工很薄、很软的金属和非金属材料，如铜、铝、铅、塑料、木材、橡胶、纸等 70～80 种材料。液力加工可以代替硬质合金切槽刀具，切边的质量很好，所加工的材料厚度少则几毫米，多则几百毫米，如切割 19mm 厚的吸音天花板，采用的水压为 310MPa，切割速度为 76m/min；玻璃绝缘材料可加工到 125mm 厚。由于加工的切缝较窄，可节约材料和降低加工成本。

由于加工温度较低，可以加工木板和纸品，还能在一些化学加工的零件保护层表面上画线。表 4-7 所列为液力加工常用的加工参数范围。

表 4-7　液力加工的加工参数

液体	种类：水或加入添加剂的水 添加剂：丙三醇（甘油）、聚乙烯 压力：69～415MPa 射流进度：305～915m/s 流量：7.5L/min 射流对工件的作用力：45～134N
功率	38kW
喷嘴	材料：常用人造金刚石，也有用淬火钢、不锈钢的 直径：0.5～0.38mm 角度：与垂直方向的夹角 0°～30°
切缝宽度	0.075～0.41mm
压射距离	2.5～50mm，常用的为 3mm

学习效果评价

完成本任务学习后，进行学习效果评价，如表 4-8 所示。

表 4-8 学习效果评价

班级		学号		姓名		成绩	
任务名称							
评价内容			配分		得分		
能够描述液力加工的基本原理			20				
能够描述液力加工设备和工具			20				
能够描述液力加工的参数术语			20				
能够描述液力加工的应用范围			20				
学习的主动性			5				
独立解决问题的能力			5				
学习方法的正确性			5				
团队合作能力			5				
总分			100				
建议							

 延伸阅读

管延安：深海钳工专注筑梦——求真务实、爱岗敬业

港珠澳大桥是粤港澳首次合作共建的超大型跨海交通工程，工程采用世界最高标准，设计、施工难度和挑战均为世界之最，被誉为"超级工程"。

在这个超级工程中，有位普通的钳工大显身手，成为明星工人。他就是管延安，经他安装的沉管设备，接缝处间隙误差做到了"零误差"。因为操作技艺精湛，管延安被誉为中国"深海钳工"第一人。

"零误差"来自近乎苛刻的认真。管延安有两个多年养成的习惯：一是给每台修过的机器、每个修过的零件做笔记，将每个细节详细记录在个人的"修理日志"上，遇到什么情况、怎么样处理都"记录在案"。从入行到现在，他已记了厚厚四大本，闲暇时他都会拿出来温故知新；二是维修后的机器在送走前，他都会检查至少 3 遍。正是这种追求极致的态度，不厌其烦地重复检查、练习，练就了管延安精湛的操作技艺。

思 考 题

1. 相比于传统切削加工，特种加工有哪些优点？
2. 分析特种加工的工艺特点。

3. 常用的特种加工方法有哪些? 并简述其特点。

4. 激光是如何产生的? 激光器一般由哪几部分组成?

5. 常用的激光器有哪些?

6. 简述激光加工的特点及其应用。

7. 简述激光焊接的优点。

8. 简述电子束产生原理。

9. 电子束加工的特点有哪些?

10. 简述液力加工的优点。

项目五

精密加工和超精密加工技术认知及应用

任务一　精密加工和超精密加工认知

学习目标

1. 掌握精密加工和超精密加工的概念。
2. 了解精密加工和超精密加工的意义与重要性。
3. 掌握精密加工和超精密加工的工艺特点。
4. 了解超精密加工的共性技术。

思政目标

培养创新思维和爱国奉献精神。

相关知识

一、精密、超精密加工的概念

随着现代工业的不断发展，精密加工和超精密加工在机械、电子、轻工及国防等领域占有越来越重要的地位。从一般意义上讲，精密加工是指在一定的发展时期，加工精度和表面质量达到很高程度的加工工艺。超精密加工是指加工精度和表面质量达到极高程度的精密加工工艺。过去的超精密加工在今天来说就是精密加工或一般加工，精密加工和超精密加工的界限随着科学技术的进步而逐渐向前推移。按国际上目前的加工水平，一般加工、精密加工和超精密加工可划分如下：

1. 一般加工　一般指加工精度在 $1\mu m$ 左右，相当于 IT5～IT7 级精度、表面粗糙度 Ra 值为 $0.2～0.8\mu m$ 的加工方法，如车、铣、刨、磨、铰等。适用于汽车、拖拉机制造等工业。

2. 精密加工　一般指加工精度为 $0.1～0.01\mu m$，相当于 IT5 级精度及 IT5 级以上精度、表面粗糙度 Ra 值在 $0.1\mu m$ 以下的加工方法，如金刚车、金刚镗、研磨、珩磨、超精研、砂带磨、镜面磨削和冷压加工等。适用于精密机床、精密测量仪器等制造业中的关键零件加工，如精密丝杠、精密齿轮、精密蜗轮、精密导轨、精密滚动轴承和气动轴承等。在当前的制造工业中占有极重要的地位。

3. 超精密加工 超精密加工是指被加工零件的加工精度为 $0.001\mu m$、表面粗糙度 Ra 值为 $0.001\mu m$ 的加工方法，加工中所使用设备的分辨率和重复精度应为 $0.01\mu m$。目前，超精密加工的精度正从微米工艺向纳米工艺提高。微米工艺是指精度为 $10^{-2} \sim 1\mu m$ 的微米、亚微米级工艺，而纳米（nm）工艺是指精度为 $10^{-3} \sim 10^{-2}\mu m$ 的纳米级工艺（$1\mu m = 10^3 nm$）。

二、精密、超精密加工的意义与重要性

现代机械工业之所以要致力于提高加工精度，主要在于提高产品质量的稳定性与性能的可靠性，促进产品的小型化，增强零件的互换性，提高装配生产率并促进装配自动化。

例如，超精密加工使陀螺仪的精度提高了一个数量级，导弹装上这种高精度陀螺仪，其命中精度圆概率误差可由 500m 降低到 $50 \sim 150$m；再如，传动齿轮的齿形及齿距误差若能从目前的 $3 \sim 6\mu m$ 降低到 $1\mu m$，则单位齿轮箱重量所能传递的转矩将提高近一倍。

大规模集成电路的发展密切依赖微细工程的发展，反过来又会促进精密工程的发展。集成电路的发展要求电路中各种元件微型化，使有限的面积上能容纳更多的电子元件，以形成功能复杂和完备的电路。因此，提高精密和超精密加工水平以减少电路微细图案的最小线条宽度就成了提高集成电路集成度的技术关键。

精密、超精密加工是现代制造技术的前沿，是在国际竞争中取得成功的关键技术之一。精密、超精密加工技术水平对一个国家的经济、军事、科技等各领域的发展具有重大战略意义，是一个国家实力与能力的象征。

三、精密加工和超精密加工的工艺特点

精密加工、超精密加工和一般加工相比有其独特的特性：

（1）精密加工和超精密加工都是以精密元件为加工对象，与精密元件密切结合而发展起来的。平板、直角尺、齿轮、丝杠、蜗轮副、分度板和球等都是典型的精密元件。随着现代工业的发展，大规模集成电路芯片、金刚石模具、合成蓝宝石轴承、非球面透镜及精密伺服阀零件等已成为新的典型精密元件。

（2）精密加工和超精密加工不仅要保证很高的精度和表面质量，同时要求有很高的稳定性或保持性，不受外界条件变化的干扰。因此，要注意以下几个方面：

①工件材料本身的均匀性和性能的一致性。不允许存在内部或外部的微观缺陷，甚至对材料组织的纤维化有一定要求，如精密磁盘的铝合金盘基就不允许有组织纤维化，精密金属球也一样。

②要有严格的加工环境。精密加工和超精密加工大多在恒温净化间中工作，其净化要求为 100 级，温度要求达（20 ± 0.006）℃。同时要有防震地基及其他防震措施。

③精密加工设备本身不仅有很高的精度，并且在设备内部采用恒温措施，逐渐形成独立

的加工单元，如某些精密机床整体在一个大罩内，罩内保持恒温。

④要合理安排热处理工艺。精密加工和热处理工艺有密切关系，时效、冰冷处理等是保持工件精度稳定的有效措施。

（3）精密测量是精密加工的必要条件，没有相应的精密测量手段，就不能科学地衡量精密加工所达到的精度和表面质量。在精密加工和超精密加工中，精密测量是关键。例如，在高精度的空气静压轴承加工中，要测量它在高速转动下的径向跳动距离和轴向窜动距离是十分困难的，这就限制了空气静压轴承精度的进一步提高，可见精密测量和精密加工是密切相关的。

（4）现代精密加工常常与微细加工结合在一起，需要有与精度相适应的微量切削方法，因此一系列精密加工和微细加工的方法出现了，如金刚石精密车削、精密抛光、弹性发射加工、机械化学加工以及电子束、离子束加工等加工方法。同时，在加工设备上出现了微进给机械和微位移工作台，采用电致伸缩、磁致伸缩等高灵敏度、高分辨率的传感器，广泛应用激光干涉仪等来测量位移，使加工设备在技术上焕然一新。

（5）现代精密加工和超精密加工常常和自动控制联系在一起，广泛采用微型计算机控制、自适应控制系统，以避免手工操作引起的随机误差，提高加工质量。

（6）现代精密加工和超精密加工常常采用复合加工技术，以达到更理想的效果。例如，超声振动研磨、电解磨削等是2种作用的复合加工，超声电解磨削、超声电火花磨削是3种作用的复合加工，超声电火花电解磨削等是4种作用的复合加工。

四、超精密加工的共性技术

超精密加工可分为超精密切削、超精密磨削、超精密研磨、超精密抛光及超精密微细加工等，尽管各自在原理和方法上有很大的区别，但有着诸多共性技术。总的来说，在以下几个方面有着共同的特点：

1. 超精密运动部件　超精密加工就是在超精密机床设备上，利用零件与刀具之间产生的具有严格约束的相对运动，对材料进行微量切削，以获得极高形位精度和表面质量的加工过程。超精密运动部件是产生上述相对运动的关键，它分为回转运动部件和直线运动部件两类。

（1）回转运动部件。通常是机床的主轴，目前普遍采用气体静压主轴和液体静压主轴。气体静压主轴的主要特点是回转精度高，其缺点是刚度偏低，一般小于 $100N/\mu m$。液体静压主轴与气体静压主轴相比，具有承载能力大、阻尼大、动涡度好的优点，但容易发热，精度也稍差。

（2）直线运动部件。它是指机床导轨，同样有气体静压导轨和液体静压导轨两种，超精密机床大多采用后者。

2. 超精密运动驱动与传递　为了获得较高的运动精度和分辨率，超精密机床对运动驱动和传递系统有很高的要求，既要求有平稳的超低速运动特性，又要有大的调速范围，还要求电磁兼容性好。一般来说，超精密运动驱动有两种方式：直接驱动和间接驱动。

（1）直接驱动。主要采用直线电动机，可以减少中间环节带来的误差，具有动态特性好、机械结构简单、低摩擦的优点，主要问题是行程短、推力小。另外，由于摩擦小，很容易发生振荡，需要用可靠的控制策略来弥补。目前，除了小行程运动外，直线电动机用于超精密机床仍处于实验阶段。

（2）间接驱动。间接驱动是由电动机产生回转运动，然后通过运动传递装置将回转运动转换成直线运动。它是目前超精密机床运动驱动方式的主流。电动机通常采用低速、性能好的直流伺服电机。运动传递装置通常由联轴器、丝杠和螺母组成，它们的精度和性能将直接影响运动平稳性和精度，也是间接驱动方式的主要误差来源。

3. 超精密机床数控技术　超精密机床要求其数控系统具有高分辨率（1nm）和快速插补功能（插补周期 0.1ms）。基于 PC 机和数字信号处理芯片（DSP）的主从式硬件结构是超精密数控的主流。数控系统的硬件运动控制模块（PMAC）的开发应用越来越广泛，使此类数控系统的可靠性和可重构性得到提高。在数控软件方面，开放性是一个发展方向。

4. 超精密运动检测技术　为保证超精密机床有足够的定位精度和跟踪精度，数控系统必须采用全闭环结构，高精度运动检测是进行全闭环控制的必要条件。双频激光干涉仪具有高分辨率与高稳定性，测量范围大，适合作机床运动位移传感器使用。但是，双频激光干涉仪对环境要求过于苛刻，使用和调整非常困难，使用不当会大大降低精度。

5. 超精密机床布局与整体技术　超精密机床往往与传统机床在结构布局上有很大差别，流行的布局方式是 T 形布局，这种布局使机床整体刚度较高，控制也相对容易，如Pneum 公司生产的大部分超精密车床都采用这一布局。模块化使机床布局更加灵活多变，如日本超硅晶体研究株式会社研制的超精密磨床，用于磨削超大硅晶片，采用三角菱形五面体结构，用于提高刚度；德国 Zeiss 公司研制了 4 轴精密磨床 AS100，用于加工自由形式表面，该机床除了 X、Z 和 C 轴外，附加了 A 轴，用于加工自由表面时控制砂轮的切削点。

此外，一些超精密加工机床是针对特殊零件而设计的，如大型高精度天文望远镜采用应力变形盘加工，一些非球面镜的研抛加工采用计算机控制光学表面成形技术（CCOS）加工，这些机床都具有和通用机床完全不同的结构。由此可见，超精密机床的结构有其鲜明的个性，需要特殊的设计考虑和设计手段。

6. 其他重要技术　超精密环境控制包括恒温、恒压、隔震、湿度控制和洁净度控制。另外，超精密加工对刀具的依赖性很大，对加工工艺也要求高，对超精密机床的材料和结构都有特殊要求。

学习效果评价

完成本任务学习后，进行学习效果评价，如表 5-1 所示。

表 5-1 学习效果评价

班级		学号		姓名		成绩	
任务名称							
评价内容			配分		得分		
能够掌握精密加工和超精密加工的基本概念			20				
能够描述精密加工和超精密加工的意义和重要性			20				
能够描述精密加工和超精密加工的工艺特点			20				
能够描述超精密加工的共性技术			20				
学习的主动性			5				
独立解决问题的能力			5				
学习方法的正确性			5				
团队合作能力			5				
总分			100				
建议							

任务二　精密、超精密加工方法在制造中的应用

学习目标

1. 掌握精密切削加工和精密磨削加工方法。
2. 掌握精密切削加工和精密磨削加工的应用。

思政目标

培养吃苦耐劳精神和爱国奉献精神。

相关知识

精密、超精密加工技术是提高机电产品性能、质量、工作寿命、可靠性，以及节材节能的重要途径。例如，提高汽缸和活塞的加工精度，就可以提高汽车发动机的效率和马力，减少油耗；提高滚动轴承的滚动体和滚道的加工精度，就可以提高轴承的转速，减少振动和噪声；提高磁盘加工的平面度，从而减少它与磁头间的间隙，就可以大大提高磁盘的存储量；提高半导体器件的刻线精度（减少线宽，增加密度），就可以提高微电子芯片的集成度。

精密、超精密加工目前主要有精密切削加工、精密磨削加工、精密珩磨、超精密研磨、精密研磨、超精密磨料加工、电解磨削加工和纳米加工等。表 5-2 列出了精密加工和超精密加工中各级加工精度的主要加工方法，并对精密切削加工、精密磨削加工的工作原理及加

工特点、应用范围进行了细致分析。

表 5-2　精密加工和超精密加工中各级加工精度的加工方法

精度	加工方法	加工工具	测量装置	工作环境
$10\mu m$	精密切削及磨削 电火花加工 电解加工	高速钢刀具 硬质合金刀具 氧化铝砂轮 碳化硅砂轮	气动量仪 千分表 光学量角仪 光学显微镜	一般的清洁空间
$1\mu m$	微细切削及磨削 精密电火花加工 电解抛光 激光加工 光刻加工 电子束加工	金刚石刀具 氧化铝砂轮 碳化硅砂轮 高熔点金属氧化物 光敏抗蚀剂	千分表 光栅 精密气动测微仪 微硬度计 紫外线显微镜	恒温室-防震基础
$0.1\mu m$	超精密切削及磨削 精密研磨 光刻加工 化学蒸气沉积 真空沉积	金刚石刀具 磨料、细粒度砂轮和砂带 光敏抗蚀剂	精密光栅 精密差分变压器 激光干涉仪 电磁比长仪 荧光分析仪	恒温室-防震基础 超净工作间或超净工作台
$0.01\mu m$	机械化学研磨 活性研磨 物理蒸气沉积 电子刻蚀 同步加速器轨道辐射刻蚀	活性磨料或研磨液 光敏抗蚀剂	超精密差分变压器 电磁传感器 光学传感器 电子衍射仪 X射线微分分析仪	高级恒温室-防震基础 超净工作间
$1nm$	离子溅射去除加工 离子溅射镀膜 离子溅射注入	离子束	电子显微镜 多反射激光干涉仪	高级恒温室-防震基础 超净工作间

一、精密切削加工

精密、超精密切削加工主要是利用立方氮化硼（CBN）、人造（聚晶）金刚石和单晶金刚石刀具进行的切削加工。

1. 精密、超精密切削加工的应用　随着科学技术的进一步发展，很多仪器设备零部件所要求的精度和表面质量都大为提高。例如，电子计算机的磁盘、导航仪上的球面轴承和激光器中的激励腔等，其尺寸精度和形状精度要求达 $0.1\mu m$，表面粗糙度 Ra 值达 $0.003\mu m$。而这类精密零部件很多是由有色金属制成的，很难用精密磨削加工，因此发展了使用聚晶、单晶金刚石刀具的精密、超精密切削加工方法。而立方氮化硼刀具的硬度仅次于金刚石，可耐 1400℃高温，用于加工难加工的黑色金属，切削效率提高多倍，精度也很高。

2. 金刚石刀具的材料及其加工精度水平　金刚石有人造金刚石和天然金刚石两种。随着人造金刚石制造和加工技术的发展，聚晶金刚石刀具已得到广泛应用。这种人造金刚石刀具由一层细颗粒人造金刚石和添加的催化剂及溶剂经高温、高压处理，与硬质合金结合成一体（金刚石层厚度约 0.5mm）。根据需要，用电火花线切割方法将刀片切成要求的形状，然后再将硬质合金焊接在刀杆上制成的，也可做成可转位刀片。

聚晶金刚石刀具与硬质合金刀具相比，用于加工铝、铜等有色金属和工程陶瓷、耐磨塑料等，刀具耐用度提高 20～100 倍、耐磨性提高 100 倍、使用寿命提高 100 倍。由于材料热膨胀系数小，刀具热变形也会小；由于摩擦系数小，加工时排屑顺利、切削力小、刀尖和切削区温度低；由于刀具刃口锋利，能切下很薄的切层，所以能够获得很高的加工精度和很低的表面粗糙度。在精密车床上用聚晶金刚石刀具对铝合金活塞外圈进行精密车削加工，大量生产时其尺寸公差为 0.001mm，圆度公差为 0.000 1mm，圆柱度公差为 0.001mm/200mm，Ra 值可达 0.025～0.125μm。

单晶金刚石刀具即是用天然金刚石制成的刀具。用这种刀具切削铜、铝或其他软金属材料，在一定的切削深度和进给下可切下小于 1μm 厚的切屑，得到的尺寸精度为 0.1μm 数量级，表面粗糙度 Ra 值为 0.01μm 数量级。

3. 金刚石刀具超精密切削的机理　金刚石刀具超精密切削的机理和一般切削有很大的差别。金刚石超精密切削的切屑厚度在 1μm 以下，这时切削深度可能小于晶粒的尺寸，因此切削在晶粒内进行。这样，切削力一定要超过晶体内部非常大的原子结合力，于是刀具上的切应力将急速增加并变得非常大，刀刃必须能够承受这个巨大的切应力。据实验结果，当切屑厚度为 1μm 以下时，切应力约为 13 000MPa。这时，刀具（包括超精密磨削中的磨粒）的尖端将会产生很大的切应力和大量的热量，尖端的温度极高，刀具或磨粒的尖端处于高温、高切应力的工作状态，一般的刀具或磨粒材料是无法承受的。普通材料的刀具，其刀刃的刃口不可能刃磨得非常锐利，平刃性也不可能足够好，这样在高温、高切应力下会快速磨损和软化。一般磨粒经受高温、高切应力时，也会快速磨损，切刃可能被剪切，平刃性被破坏，产生随机分布的峰谷，因此不能得到真正的镜面切削表面。而金刚石不但有很好的高温强度和高温硬度，而且其刃口可以研磨得很好，切削刃钝圆半径可达 0.02μm，刃口平刃性极高，这是由于金刚石材料本身质地细密所致，是其他刀具材料不能比拟的。目前，金刚石刀具的切削机理正处于进一步研究之中。

4. 影响金刚石精密切削的因素

（1）金刚石刀具的刃磨质量。金刚石刀具的刃磨是一个关键技术。目前，金刚石刀具的刃磨大多采用研磨的方法，即将金刚石选择好晶向后，固定在夹具上，在铸铁研磨盘上进行研磨，而铸铁研磨盘在两个红木制成的顶尖中由电动机带动回转，这样有较高的回转精度及精度保持性。对于新的金刚石，根据晶向要先研磨出一个基准面，其他各面在刃磨时就以此基准面为基准。选择晶向时应使主切削刃与晶向平行，这样磨出的刃口质量较好。研磨剂一般是用金刚砂和润滑油。金刚石刀具的刃磨如图 5-1 所示，图 5-2 表示了两种金刚石车刀的几何角度，图 5-3 是金刚石刀刃的几何形状。

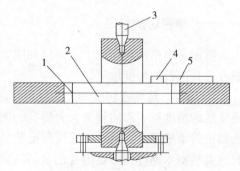

图 5-1　金刚石刀具的刃磨
1. 工作台　2. 研磨盘　3. 红木顶尖
4. 金刚石刀具　5. 刀夹

（2）金刚石刀具的几何角度和对刀。切削铜和铝时，金刚石刀具的角度可参考图 5-2，它符合一般切削的规律，如主偏角 K_r，副偏角 K_η 较小时，表面粗糙度值较小；刀尖圆弧半径 r 越大，表面粗糙度 Ra 值越小，一般取 r 为 3mm。金刚石刀具对刀时要借助显微镜。

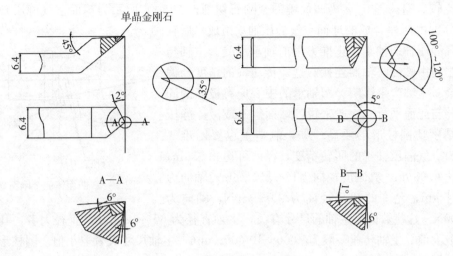

图 5-2　金刚石车刀几何角度

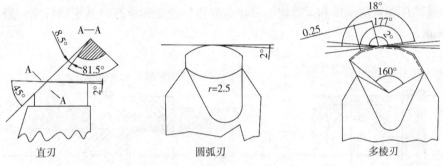

图 5-3　金刚石刀刃的几何形状

（3）被加工材料的均匀性和微观缺陷。由于金刚石精密切削的切削深度很小，甚至是在晶粒内部切削，因此被加工材料的均匀性和微观缺陷对表面粗糙度影响很大。

（4）工作环境。在精密加工和超精密加工中，用切削方法加工时表面极易划伤。分析其原因，主要是有切屑被挤或有尘埃所致。因此，一方面应采取措施，用吸屑器将切屑吸走，或是进行充分的冷却润滑，将切屑冲走；另一方面应在净化间中工作，以避免尘埃影响。

（5）加工设备。金刚石精密切削机床是精密切削的必备条件，其工作主轴、工作台的静、动精度及其热稳定性都必须相当高。在机床结构上，除了机床的整体刚度、热变形等重要问题以外，人们对主轴和导轨的结构进行了较多的研究。

在主轴结构上采用了液体静压轴承或空气静压轴承，一般前者称为静压主轴，后者称为空气主轴。轴承的结构形式可以采用球面轴承或圆柱形轴承。图 5-4 所示为圆柱形空气静压轴承，圆柱形空气静压轴承结构简单、回转精度高、工艺性好，因

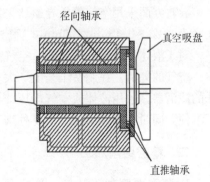

图 5-4　圆柱形空气静压轴承

此应用比较普遍。图 5-5 为凹面镜的金刚石切削。图 5-6 所示为球面空气静压轴承，其前轴承分别由两片合成的球面空气静压轴承组成，后轴承是空气静压轴颈轴承，止推力由前轴承承受。主轴与传动轴之间由磁性联轴器连接。这样传动轴的精度和偏载就不会对主轴产生影响。两轴承的中心应有极高的同轴度，并与底面平行。一般来说，球面空气或液体静压轴承的精度比圆柱形的要高一些，制造上也要困难一些。球面空气静压轴承的回转精度，径向可达 $0.05\mu m$，轴向可达 $0.05\mu m$，其刚度径向为 $15\sim60N/\mu m$，轴向为 $30\sim70N/\mu m$，允许的载荷径向为 $90\sim350N$，轴向为

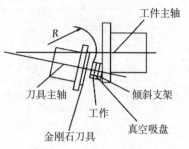

图 5-5 凹面镜的金刚石切削

$180\sim400N$。这些数值与主轴的尺寸有关，主轴直径为 $60\sim120mm$，直径大者，其刚度和载荷量取大值。主轴转速一般为 $5\,000\sim10\,000r/min$，主轴尺寸大者取小值。圆柱形空气静压轴承的回转精度，径向为 $0.05\sim0.1\mu m$，轴向为 $0.03\sim0.1\mu m$，其刚度径向为 $25\sim200N/\mu m$、轴向为 $25\sim500N/\mu m$，允许载荷径向为 $150\sim1\,400N$、轴向为 $200\sim3\,500N$。可见，圆柱形空气静压轴承的刚度和承载能力都比球面空气静压轴承好，其主轴转速一般为 $750\sim3\,600\,r/min$。

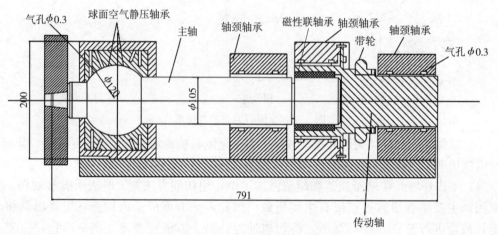

图 5-6 球面空气静压轴承

导轨方面采用空气静压导轨比采用液体静压导轨的精度要好些，一般液体静压导轨的直线度为 $0.03\sim0.15\mu m/100mm$，而空气静压导轨的直线度可达 $0.02\sim0.05\mu m/100mm$。

对于液体静压轴承和导轨、空气静压轴承和导轨，它们的共同关键技术是制造精度和液体、空气的滤清。在制造工艺上，大多采用研磨或精密研磨工艺。对于空气滤清，要采用特殊的滤清器。采用液体或空气静压轴承和导轨需要附有一套液压或气动系统，这给使用带来了不便，同时在整体结构上不易处理。

二、精密磨削加工

1. 精密磨削加工认知   磨削后使工件尺寸公差小于 $10\mu m$，表面粗糙度 Ra 值小于 $0.1\mu m$ 的磨削通常称为精密磨削。现代高精度磨削技术的发展，使磨削尺寸精度达到 0.1～

$0.3\mu m$，表面粗糙度 Ra 值达 $0.2\sim0.05\mu m$。磨削表面变质层和残留应力均很小，明显提高了加工零件的质量。

目前，国际上正在发展超硬磨料磨削。超硬磨料磨削是指采用金刚石砂轮或立方氮化硼（CBN）砂轮进行磨削。人造金刚石和天然金刚石磨具的应用不断扩大，硬质合金刀具、硬质合金制品、硬脆非金属材料（如花岗岩、大理石、玻璃、陶瓷等）的加工都大量使用金刚石砂轮。CBN 磨料的硬度仅次于金刚石磨料，是一种用来磨削黑色金属的很有发展前途的超硬磨料，是近年来磨料工业的最大成就之一。CBN 砂轮磨削有以下特点：砂轮不易磨损，可保持被磨零件尺寸的一致性（特别是在内孔和成形磨削时），在正确使用时可以得到很高的磨削表面质量；磨削高速钢和轴承钢时，可使零件表面的耐磨性提高 $20\%\sim40\%$。

成形磨削，特别是高精度成型磨削，经常成为影响生产的关键问题。成型磨削有两个难题：一是砂轮质量，主要是砂轮必须同时具有良好的自砺性和形廓保持性，而这两者往往是矛盾的；二是砂轮修整技术，即高效、经济地获得所要求的砂轮形廓和锐度。目前，国际上采用高精度金刚石滚轮来修整砂轮，并开发了连续修整成型磨削新工艺（在成型磨削过程中，对砂轮进行连续的形廓修正和磨粒修锐），效果较好。

2. 精密磨削的加工原理 精密磨削加工是靠砂轮工作面上可以整修出大量等高的磨粒微刃这一特性而得以进行精密加工的。这些等高的微刃能从工件表面上切除极微薄的、尚具有一些微量缺陷和微量形状、尺寸误差的余量。因此，运用这些加工方法可以得到很高的加工精度。又由于这些等高微刃是大量的，如果磨削用量适当，在加工面上有可能留下大量的极微细的切削痕迹，所以可以得到很小的表面粗糙度值。此外，还由于在无火花光磨阶段，仍有明显的摩擦、滑挤、抛光和压光等作用，故加工所得的表面更为光洁。

3. 精密磨削使表面粗糙度值很小的主要因素

（1）机床。首先要有高精度的机床，也就是机床砂轮的主轴回转精度要高，可能的情况下主轴径向圆跳动误差应小于 $0.001mm$，滑动轴承的间隙应为 $0.01\sim0.015mm$。若是 3 块瓦轴承，表面调修的方法是先精刮轴瓦，然后轴和瓦对研，研到使刮点消失为止，清洗后再调整到上述数值。把一般的外圆磨床砂轮回转主轴改成静压轴承效果也很好，同时要采取措施减少振动。

径向进给机构灵敏度及重复精度要高，误差最好要小于 $0.002mm$，这样在修磨砂轮时易形成等高性，摩擦抛光时的压力易保持稳定。

工作台低速平稳性要求在 $10mm/min$ 时无爬行现象，往复速度差不超过 10%，工作台换向要平稳，防止两端出现振动波纹。

（2）砂轮。砂轮的特性，如磨料、粒度和砂轮组织对磨削质量有很大影响。在高精度磨削时，砂轮一般为粒度 F100～F280 陶瓷结合剂砂轮。经过精细的修整后，可进行精密磨削，能得到的表面粗糙度 Ra 值为 $0.16\sim0.04\mu m$，这是利用修整后的微刃切削所得到的。当利用半钝化的微刃摩擦作用时，可得到的表面粗糙度 Ra 值为 $0.04\sim0.01\mu m$。当要达到镜面磨削时，应选用 W10～W20 的微粉粒度、结合剂为树脂或橡胶结合剂加石墨填料的砂轮，这种砂轮磨削时粒度微细、有弹性、切削深度很小，在磨削压力作用下主要是通过半钝化刃进行抛光，可使 Ra 值不大于 $0.01\mu m$。

修整砂轮时纵向和径向进给量要有所不同。进给量越小，微刃的等高性就越好。表面粗糙度要求：Ra 值为 $0.16\sim0.04\mu m$ 时，纵向进给量取 $15\sim50mm/$ min；Ra 值为 $0.04\sim0.01\mu m$ 时，纵向进给量取 $10\sim15mm/min$；Ra 值不大于 $0.01\mu m$ 时，纵向进给量取 $6\sim10mm/min$。径向进给量每个修整行程一般取 $0.002\sim0.005mm$。在修整过程中径向进给次数取 $2\sim4$ 次。砂轮两端面最好修整为如图 5-7 所示的形状，这样可保持砂轮磨削性能和正确的几何形状。

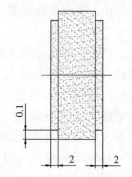

图 5-7 砂轮端面的修整

（3）磨削用量。砂轮的线速度一般取 $15\sim30m/s$。工件的线速度和工作台移动速度在高精度磨削情况下影响不太大，所以一般情况下工件的线速度取 $10\sim15m/min$，工作台速度取 $50\sim100mm/min$。镜面磨削工件线速度不应大于 $10m/min$，工作台速度选取 $50\sim100mm/min$。

径向进给时的径向进给量和进给次数对磨削表面质量有很大影响，如进给量太大，次数过多，会增大磨削热量，使表面烧伤。如果进给量太小，次数过多，那么发挥不出砂轮微刃的切削性能和抛光作用，所以一般径向进给量应控制在 $0.0025\sim0.005mm$，镜面磨削则控制在 $0.0025mm$ 左右。

当无径向进给只做纵向走刀进行光磨时，虽无径向进给，但也能磨去微量的金属，此时砂轮对工件仍有一定的压力。光磨次数越多，表面的抛光情况越好，表面越光滑。在操作时，根据表面粗糙度的要求来决定光磨的次数，光磨的次数还和工件的材料、砂轮、机床等因素有关。

（4）加工工艺。高精度磨削时加工余量不能大，一般为 $0.01\sim0.015mm$。同时要注意其他有关的环节：

①工件在磨削前要修研中心孔，使接触面足够多；

②砂轮的修整要仔细，做好砂轮静、动平衡；

③磨削前要使机床进行空转，使机床各项性能都处于稳定状态，再进行磨削加工；

④磨削时严格控制径向进给，机床刻度不准时，在径向可装上千分表来进行控制；

⑤切削液应进行很好的过滤和定期更换，一定要保持清洁，避免污物、杂物划伤工件表面。

（5）精密磨削加工实例。

①圆柱面镜面磨削加工：磨削速度为 $25\sim35m/s$，粗磨时 $f_r=0.02\sim0.07mm$，精磨时 $f_r=3\sim10\mu m$；当用油石研抛时，速度为 $10\sim50m/min$，材料的去除速度为 $0.1\sim1\mu m/min$。超精磨削可达到 $0.01\mu m$ 的圆度和 Ra 值为 $0.002\mu m$ 的表面粗糙度。

②球面镜面磨削加工：球面镜面研抛时，要求研具保持在被加工表面的法向上，有两种保证方法（图 5-8a）：一是通过研具本身的自定位机构来达到；二是采用数控系统使研磨头倾斜 ϕ 角来实现。球面镜面的磨抛加工法是建立在借助激光干涉仪进行表面的误差测量的基础上（图 5-8b）。测量时，激光干涉仪沿 x 和 y 坐标轴移动，或沿 x、y 之一的方向移动和随工作台转动，镜面误差的测量结果被记录在仿真量或数字量的记忆装置中，然后进行处理。根据来自数控系统的指令，磨头（研具）移动到标有对给定面形误差最大的偏差处并磨除材料。之后表面被重新检测和重复加工工序，从而以逐步趋近的方法达到所要求的面形精度。

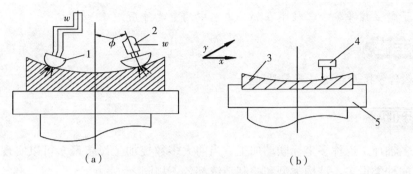

图 5-8　球面镜面磨削加工与测量示意
1. 研具　2. 研磨头　3. 测量表面　4. 激光干涉仪　5. 工作台

③平面镜面磨削加工：平面镜面的加工主要采用磨削和研抛工艺方法来加工，目前此方法所能达到的最高平面度小于 $0.2\mu m/300mm$，表面粗糙度 Ra 小于 1mm。

学习效果评价

完成本任务学习后，进行学习效果评价，如表 5-3 所示。

表 5-3　学习效果评价

班级		学号		姓名		成绩	
任务名称							
评价内容			配分		得分		
能够描述精密切削加工的方法			40				
能够描述精密磨削加工的方法			40				
学习的主动性			5				
独立解决问题的能力			5				
学习方法的正确性			5				
团队合作能力			5				
总分			100				
建议							

任务三　数控多轴加工技术应用

学习目标

1. 了解数控多轴加工技术。
2. 掌握数控多轴加工技术的应用范围。

3. 了解数控多轴加工技术在加工工艺中的重要作用。

思政目标

培养科学探索和吃苦耐劳精神。

相关知识

数控多轴加工也称多坐标联动加工。当前大多数控加工设备最多可以实现 5 坐标联动，这类设备的种类很多，结构类型和控制系统都各不相同。

随着数控技术的发展，多轴数控加工正在得到越来越广泛的应用。它们的最大优点就是使原本复杂零件的加工变得容易，并且缩短了加工周期，提高了加工质量，如汽车大灯模具的精加工，用双转台 5 轴联动机床加工。由于大灯模具的特殊光学效果要求，用于反光的众多小曲面对加工的精度和光洁度都有非常高的指标要求，特别是光洁度，要求达到镜面效果。采用高速切削工艺装备及 5 轴联动机床用球铣刀切削出镜面的效果相对容易，而过去的较为落后的加工工艺手段几乎不可能实现。

一、数控多轴加工技术认知

1. 数控多轴加工技术概述　数控机床有 3 个直线坐标轴，多轴指在一台机床上至少具备第 4 轴。通常所说的多轴数控加工是指 4 轴以上的数控加工，其中具有代表性的是 5 轴数控加工。

多轴数控加工能同时控制 4 个以上坐标轴的联动，将数控铣、数控镗、数控钻等功能组合在一起，工件在一次装夹后，可以对加工面进行铣、镗、钻等多工序加工，有效地避免了由于多次安装造成的定位误差，能缩短生产周期，提高加工精度。随着模具制造技术的迅速发展，对加工中心的加工能力和加工效率提出了更高的要求，多轴数控加工技术因此得到了空前的发展。

数控多轴加工具有高效率、高精度的特点，工件在一次装夹后能完成 5 个面的加工。如果配置 5 轴联动的高档数控系统，还可以对复杂的空间曲面进行高精度加工，非常适于加工汽车零部件、飞机结构件等工件的成型模具。

根据回转轴形式，数控多轴加工有两种设置方式，如图 5-9 所示。

（1）工作台回转方式。这种设置方式的数控多轴加工机床的优点是：主轴结构比较简单，主轴刚性非常好，制造成本比较低。但一般工作台不能设计太大，承重也较小，特别是当 A 轴回转角度为 290°时，工件切削时会对工作台带来很大的承载力矩，如图 5-10 所示。

（2）立式主轴头回转。这种设置方式的数控多轴加工机床的优点是：主轴加工非常灵活，工作台也可以设计得非常大。在使用球面铣刀加工曲面时，当刀具中心线垂直于加工面时，由于球面铣刀的顶点线速度为零，顶点切出的工件表面质量会很差，而采用主轴回转的设计，令主轴相对工件转过一个角度，使球面铣刀避开顶点切削，保证有一定的线速度，可提高表面加工质量，这是工作台回转式方式难以做到的。立式主轴头回转方式如图 5-11 所示。

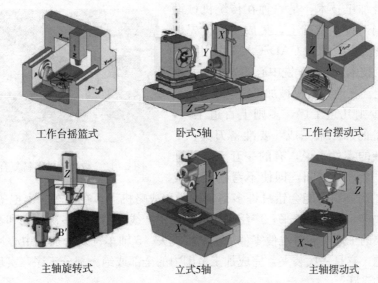

工作台摇篮式　　　　卧式5轴　　　　工作台摆动式

主轴旋转式　　　　立式5轴　　　　主轴摆动式

图 5-9　五轴机床回转形式

图 5-10　工作台回转方式

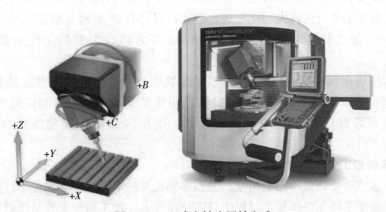

图 5-11　立式主轴头回转方式

　　数控车铣技术是数控多轴加工技术的典型，5 轴车铣中心是数控车铣技术的载体，是指一种以车削功能为主，并集成了铣削和镗削等功能，至少具有 3 个直线进给轴和 2 个圆周进给轴，且配有自动换刀系统的机床的统称。这种车铣复合加工中心（图 5-12）是在 3 轴车削中心基础上发展起来的，相当于 1 台车削中心和 1 台加工中心的复合，是 20 世纪 90 年代发展起来的复合加工技术，是一种在传统机械设计技术和精密制造技术基础上，集成了现代先进控制技术、精密测量技术和 CAD/CAM 应用技术的先进机械加工技术。5 轴车铣中心的先进性表现在其设计理念上。在通常的机械加工概念中，1 个零件的加工，少则几道工序，多则上百道工序，要经过多台设备的加工来完成，要准备刀具、工装夹具。对复杂的零件来说，有的一套工装的准备就需要 3～5 个月的时间，即使不考虑经济成

图 5-12 数控 5 轴车铣复合加工中心

本，3～5 个月的时间很可能会错过许多销售机遇和战略机遇。在汽车、家电等批量生产行业，为了提高效率和自动化水平，广泛采用自动化生产线，零件的多次装夹和基准转换，有时会带来不必要的工序，同时也使零件加工精度丧失。5 轴车铣复合加工中心从设计概念上解决了这个问题，它是一次装夹，完成加工范围内的全部或绝大部分工序，实现了从复合加工到完整加工的飞跃。

5 轴车铣复合加工中心从产生至今，已有近 30 年的历史，技术已经成熟并被国内外用户接收和认可。从趋势上看，主要向以下几个方向发展：

（1）更高工艺范围。通过增加特殊功能模块，实现更多工序集成。例如，将齿轮加工、内外磨削加工、深孔加工、型腔加工、激光淬火、在线测量等功能集成到车铣中心上，真正做到所有复杂零件的完整加工。

（2）更高效率。通过配置双动力头、双主轴、双刀架等功能，实现多刀同时加工，提高加工效率。

（3）大型化。由于大型零件一般多是结构复杂、要求加工的部位和工序较多、安装定位也较费时费事的零件，而车铣复合加工的主要优点之一是减少零件在多工序和多工艺加工过程中的多次重新安装调整和夹紧时间，所以采用车铣中心进行复合加工比较有利。因此，目前 5 轴车铣复合加工中心正向大型化发展。例如，HTM125 系列 5 轴车铣中心，回转直径达到 1 250mm，加工长度可以达到 10 000mm，非常适合大型船用柴油机曲轴的车铣加工。

（4）结构模块化和功能可快速重组。5 轴车铣中心的功能可快速重组是其能快速响应市场需求并能抢占市场的重要条件，而结构模块化是 5 轴车铣中心功能可快速重组的基础。一些先进产品都已实现结构模块化设计，正在向如何实现功能快速重组的方面努力。

2. 数控多轴加工技术的特点

（1）减少基准转换，提高加工精度。数控多轴加工技术的工序集成化不仅提高了工艺的有效性，而且由于零件在整体加工过程中只需一次装夹，加工精度更容易得到保证。

（2）减少工装夹具数量和占地面积。尽管数控多轴加工中心的单台设备价格较高，但由于过程链的缩短和设备数量的减少，工装夹具数量、车间占地面积和设备维护费用也随之减少。

（3）缩短生产过程链，简化生产管理。多轴数控机床的完整加工大大缩短了生产过程链，而且由于只把加工任务交给一个工作岗位，不仅使生产管理和计划调度简化，而且透明

度明显提高。工件越复杂，它相对传统工序分散的生产方法的优势就越明显。同时由于生产过程链的缩短，在制品数量必然减少，可以简化生产管理，从而降低了生产运作和管理的成本。

（4）缩短新产品研发周期。对于航空、航天、汽车等领域的企业，有的新产品零件及成型模具形状很复杂，精度要求也很高，因此具备高柔性、高精度、高集成性和完整加工能力的多轴数控加工中心可以很好地解决新产品研发过程中复杂零件加工的精度和周期问题，大大缩短研发周期和提高新产品的成功率。

3. 数控多轴加工技术的难点　人们早已认识到数控多轴加工技术的优越性和重要性，但到目前为止，数控多轴加工技术的应用仍然局限于少数资金雄厚的企业，并且仍然存在尚未解决的难题。数控多轴加工由于干涉和刀具在加工空间的位置控制，其数控编程、数控系统和机床结构远比 3 轴机床复杂得多。目前，数控多轴加工技术存在以下几个问题：

（1）多轴数控编程抽象、操作困难。这是每一个传统数控编程人员面临的难题。3 轴机床只有直线坐标轴，而 5 轴数控机床结构形式多样；同一段 NC 代码可以在不同的 3 轴数控机床上获得同样的加工效果，但某一种 5 轴机床的 NC 代码却不能适用于所有类型的 3 轴机床。数控编程除了直线运动之外，还要协调旋转运动的相关计算，如旋转角度行程检验、非线性误差校核、刀具旋转运动计算等，处理的信息量很大，数控编程极其抽象。数控多轴加工的操作和编程技能密切相关，如果用户为机床增添了特殊功能，则编程和操作会更复杂。只有反复实践，编程与操作人员才能掌握必备的知识和技能。经验丰富的编程与操作人员的缺乏，是数控多轴加工技术普及的大阻力。

（2）刀具半径补偿困难。在 5 轴联动 NC（数字控制）程序中，刀具长度补偿功能仍然有效，而刀具半径补偿却失效了。以圆柱铣刀进行接触成型铣削时，需要对不同直径的刀具编制不同的程序。目前流行的 CNC（数控机床）控制系统尚无法完成刀具半径补偿，因为 ISO（国际标准化组织）文件中没有提供足够的数据对刀具位置进行重新计算。用户在进行数控加工时需要频繁换刀或调整刀具的确切尺寸，按照正常的处理程序，刀具轨迹应送回 CAM（计算机辅助制造）系统重新进行计算，从而导致整个加工过程效率不高。对这个问题的最终解决方案，有赖于新一代 CNC 控制系统，该系统能够识别通用格式的工件模型文件或 CAD（计算机辅助设计）系统文件。

（3）购置机床需要大量投资。数控多轴加工机床价格高。多轴数控加工除了机床本身的投资之外，还必须对 CAD/CAM 系统软件和后置处理器进行升级，使之适应数控多轴加工的要求，以及对校验程序进行升级，使之能够对整个机床进行仿真处理。

二、数控多轴加工技术应用

1. 多轴铣削加工中心编程加工应用　多轴铣削加工中心的加工优势就是能很容易地加工具有空间角度形状的零件，在多轴铣削加工中心编程加工中，以模块化编程形式进行编程加工较常见的是 DMG 公司生产的 DMU60 型数控 5 轴机床（海德汉系统），现就以此机床为例讲解其模块化编程加工应用。

【例 5-1】利用 DMU60 型数控 5 轴机床（海德汉系统）编程加工图 5‑13 所示的零件。

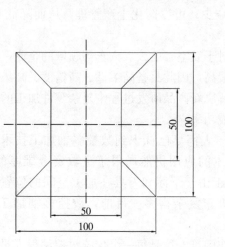
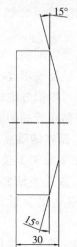

数控多轴加工
技术应用

图 5-13 空间倾斜面加工图样

根据加工图样分析，模块化加工程序编制如表 5-4。

表 5-4 零件加工程序

程序内容	解释
BEGIN PGM XIEMIAN MM	程序名为 XIEMIAN，以公制编程
BLK FORM 0.1 Z X−50 Y−50 Z−30	毛坯的最小点 通过该数值可以知道工件的零点在工件
BLK FORM 0.2 X+50 Y+50 Z+0	毛坯的最大点 中心处
L X+0 Y+0 Z+0 R0 FMAX M91	机床运动到机床的绝对零点位置处，M91 代表机床零点
L B+0 C+0 R0 FMAX M91	
TOOL CALL 9 Z S3000	调用加工刀具，在主轴上，转数 3 000n/min
CYCL DEF 247 DATUM SETTING～ Q339＝+1；DATUM NUMBER	调用工件坐标系，坐标系为 1 的坐标编号
L X−100 Y+0 R0 FMAX	刀具快速移动到工件上表面指定位置，并将机床的 B、C 轴 调整为工件零件位置
L C+0 B+0 R0 FMAX	
L Z+150 R0 FMAX	
M3	主轴正转
CYCL DEF 7.0 DATUM SHIFT	工件坐标系移动到原始坐标 X 轴−50 位置处 注：在做倾斜面加工时，一定要先移动坐标，再做旋转
CYCL DEF 7.1 X−50	
CYCL DEF 7.2 Y+0	
CYCL DEF 7.3 Z+0	
PLANE SPATIAL SPA+0 SPB-15 SPC+0 MOVE DIST100 F3000 SEQ-COORD ROT	通过空间角方式旋转 B 轴−15°，让刀具垂直于左侧斜面

（续）

程序内容	解释
CYCL DEF 251 RECTANGULAR POCKET	
Q215＝＋0；MACHINING OPERATION	
Q218＝＋30；FIRST SIDE LENGTH	
Q219＝＋120；2ND SIDE LENGTH	
Q220＝＋0；CORNER RADIUS	
Q368＝＋0；ALLOWANCE FOR SIDE	
Q224＝＋0；ANGLE OF ROTATION	
Q367＝＋0；POCKET POSITION	
Q207＝＋2000；FEED RATE FOR MILLNG	
Q351＝＋1；CLIMB OR UP-CUT	
Q201＝－8；DEPTH	调用型腔铣削模块，根据尺寸进行编辑，长、宽、高等进行数值赋值，安全高度赋值，切削速度赋值，切入方式赋值
Q202＝＋1；PLUNGING DEPTH	
Q369＝＋0；ALLOWANCE FOR FLOOR	
Q206＝＋2000；FEED RATE FOR PLNGNG	
Q338＝＋0；INFEED FOR FINISHING	
Q200＝＋2；SET-UP CLEARANCE	
Q203＝＋2；SURFACE COORDINATE	
Q204＝＋50；2NDSET-UP CLEARANCE	
Q370＝＋1；TOOL PATH OVERLAP	
Q366＝＋1；PLUNGE	
Q385＝＋2000；FINISHING FEED RATE	
CYCL CALL POS　X＋0　Y＋0　Z＋0	将型腔模块调用到旋转后的X0、Y0、Z0处加工
L　Z＋100	加工结束后，抬台起刀具至100mm处
PLANE RESET STAY	旋转复位
CYCL DEF 7.0 DATUM SHIFT	坐标移动复位
CYCL DEF 7.1　X＋0	
CYCL DEF 7.2　Y＋0	
CYCL DEF 7.3　Z＋0	
M30	程序结束并返回到程序头
END PGM 7237 MM	程序7237程序尾

　　模块化加工程序编制完成后，在仿真软件上进行试加工，模拟加工状态如图5-14所示。

　　2. 数控车铣复合加工中心编程加工应用　数控车铣复合加工中心地加工优势就是能很容易地加工具有回转体形状且在回转体轴面上铣削沟槽、平面等的零件，在数控车铣复合加工中心编程加工中，以模块化编程形式进行编程加工的较常见的是DMG公司生产的ecoTurn 310型数控车铣复合加工中心，现就以此机床为例讲解其模块化编程加工应用。

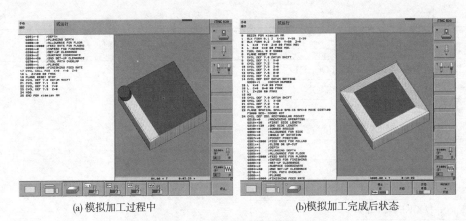

(a)模拟加工过程中　　　　　　　　　　(b)模拟加工完成后状态

图 5 - 14　加工程序自动模拟加工

【例 5-2】利用 ecoTurn 310 型数控车铣复合加工中心编程加工图 5 - 15 所示的零件。

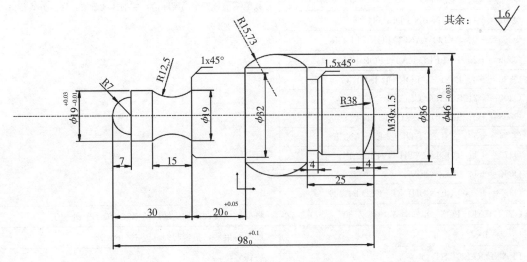

图 5 - 15　空间倾斜面加工图样

根据零件加工图样要求，通过机床系统本身的绘图功能绘制车削轮廓，如图 5 - 16 所示。

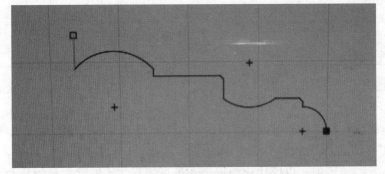

图 5 - 16　绘制零件车削轮廓

根据零件加工图样要求，进行模块化程序编制，所编模块化加工程序如图 5 - 17 所示。

模块化加工程序编制完成后，在机床上进行模拟试加工，模块化加工程序自动模拟加工完成后的三维效果如图 5-18 所示。

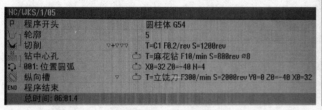

图 5-17　所编制加工零件的模块化程序　　　　图 5-18　自动模拟加工完成后的三维效果

学习效果评价

完成本任务学习后，进行学习效果评价，如表 5-5 所示。

表 5-5　学习效果评价

班级		学号		姓名		成绩	
任务名称							
评价内容				配分		得分	
能够描述数控多轴加工的概念				20			
能够描述数控多轴加工的类型				20			
能够描述数控多轴加工的特点与难点				20			
能够描述数控多轴加工在加工制造业中的作用				20			
学习的主动性				5			
独立解决问题的能力				5			
学习方法的正确性				5			
团队合作能力				5			
总分				100			
建议							

延伸阅读

宁允展：高铁上的中国精度

宁允展是中车集团青岛四方机车车辆股份有限公司车辆钳工，高级技师，高铁首席研磨师。他是国内第一位从事高铁转向架定位臂研磨的工人，也是这道工序最高技能水平的代表之一。他研磨的定位臂，已经创造了连续十年无次品的纪录。他和他的团队研磨的转向架安装在 673 列高速动车组上，奔驰超过 9 亿 km，相当于绕地球 2 万多圈。

转向架是高速动车组九大关键技术之一，定位臂则是转向架的核心部件。高速动车组在运行时速超过 200km/h 的情况下，定位臂和轮对节点必须有 75% 以上的接触面间隙小于 0.05mm，否则会直接影响行车安全。宁允展的工作，就是确保这个间隙小于 0.05mm。他的风动砂轮纯手工研磨操作法，使研磨效率提高了 1 倍多，接触面的贴合率也从原来的 75% 提高到了 90% 以上。他发明的精加工表面缺陷焊修方法，修复精度最高可达到 0.01mm，相当于一根细头发丝的 1/5。他执着于创新研究，主持了多项课题攻关，发明了多种工装，其中有 2 项通过专利审查，获得了国家专利。

一心一意做手艺，不当班长不当官，扎根一线 24 年，宁允展与很多人有着不同的追求："我不是完人，但我的产品一定是完美的。做到这一点，需要一辈子踏踏实实做手艺。"

思考题

1. 简述超精密加工的共性技术。
2. 简述影响金刚石精密切削的因素。
3. 简述精密磨削的加工原理。
4. 数控多轴加工技术的特点有哪些？
5. 数控多轴加工技术的难点是什么？

项目六

柔性制造技术应用

任务一 柔性制造系统认知

相关知识

一、柔性制造系统的概念和发展

1. 柔性制造系统的概念 柔性制造系统是指由统一的信息控制系统、物料储运系统和一组数字控制加工设备组成，能适应加工对象变换的自动化机械制造系统，英文缩写为 FMS。FMS 的工艺基础是成组技术，它按照成组的加工对象确定工艺过程，选择相适应的数控加工设备和工件、工具等物料的储运系统，并由计算机进行控制，能自动调整并实现一定范围内多种工件的成批高效生产，并能及时地改变产品以满足市场需求。

2. 柔性制造系统的发展 1967 年，英国莫林斯公司首次根据威廉森提出的 FMS 基本概念，研制了"系统 24"。其主要设备是 6 台模块化结构的多工序数控机床，目标是在无人看管条件下，实现 24h 连续加工，但最终由于经济和技术上的困难而未能全部建成。

1967 年，美国的怀特·森斯特兰公司建成 Omniline I 系统，它由 8 台加工中心和 2 台多轴钻床组成，工件被装在托盘上的夹具中，按固定顺序以一定节拍在各机床间传送和进行加工。这种柔性自动化设备适合在少品种、大批量生产中使用，在形式上与传统的自动生产线相似，所以也称柔性自动线。

1976 年，日本发那科公司展出了由加工中心和工业机器人组成的柔性制造单元（简称 FMC），为发展 FMS 提供了重要的设备形式。柔性制造单元一般由 12 台数控机床与物料传送装置组成，有独立的工件储存站和单元控制系统，能在机床上自动装卸工件，甚至自动检测工件，可实现有限工序的连续生产，适合多品种、小批量生产应用。

随着时间的推移，FMS 在技术上和数量上都有较大发展，实用阶段以由 3～5 台设备组成的 FMS 为最多，但也有规模更庞大的系统投入使用。

现阶段，FMS 系统的性能随着行业的发展不断提高。构成 FMS 的各项技术，如加工技术、运储技术、刀具管理技术、控制技术以及网络通信技术的迅速发展大大提高了 FMS 系统的性能。在加工中采用喷水切削加工技术和激光加工技术，并将许多加工能力很强的加工设备，如立式镗铣加工中心、卧式镗铣加工中心、高效万能车削中心等用于 FMS 系统，大大提高了 FMS 的加工能力和柔性，提高了 FMS 的系统性能。AGV（自动引导车）以及自动存储、提取系统的发展和应用，为 FMS 提供了更加可靠的物流运储备方法。刀具管理技术的迅速发展，为机床选用适用刀具提供了保证。同时，可以提高系统柔性、生产率、设备利用率，降低刀具费用，消除人为错误，提高产品质量，延长无人操作时间。

二、柔性制造系统基本组成

1. 柔性制造系统硬件组成　典型的 FMS 主要由数控加工系统、物流系统、信息系统 3 个子系统组成。

（1）数控加工系统。数控加工系统是指以成组技术为基础，把外形尺寸（形状不必完全一致）、重量大致相似、材料相同、工艺相似的零件集中在一台或数台数控机床或专用机床等设备上加工的系统。

加工设备主要采用加工中心和数控车床，前者用于加工箱体类和板类零件，后者则用于加工轴类和盘类零件。中、大批量少品种生产中所用的 FMS 常采用可更换主轴箱的加工中心，以获得更高的生产效率。

（2）物流系统。物流系统是指由多种运输装置，如传送带、轨道、转盘以及机械手等构成，完成工件、刀具等的供给与传送的系统，它是柔性制造系统的主要组成部分。

（3）信息系统。信息系统是指对加工和运输过程中所需各种信息收集、处理、反馈，并通过电子计算机或其他控制装置（液压、气压装置等），对机床或运输设备实行分级控制的系统。

2. 柔性制造系统软件组成

（1）运行控制系统。它接收来自工厂或车间主计算机的指令并对整个 FMS 系统实行监控，实现单元层对上级（车间或其他）及下层（工作站层）的内部信息传递，对每一个标准的数控机床或制造单元的加工实行控制，对夹具及刀具等实行集中管理和控制，协调各控制装置之间的动作。另外，该子系统还要实现单元层信息流故障诊断与处理，实时动态监控系统状态变化。

（2）质量保证系统。实现在线和离线质量检测和监控。一般包括三坐标测量机、测量机器人等。

三、柔性制造系统的优点

柔性制造系统是一种技术复杂、高度自动化的系统，它将微电子学、计算机和系统工程等有机地结合起来，解决了机械制造高自动化与高柔性化之间的矛盾。具体优点如下：

1. 设备利用率高　一组机床编入柔性制造系统后，产量比这组机床在分散单机作业时的产量提高数倍。

2. 制造周期短　在设备相同条件下，大大地减少在制品库存，这是由于零件等待切削加工的时间减少。

3. 生产能力相对稳定　自动加工系统由一台或多台机床组成，发生故障时，有降级运转的能力，物料传送系统也有自行绕过故障机床的能力。

4. 产品质量高　零件在加工过程中，装卸一次完成，加工精度高，加工形式稳定。

5. 运行灵活　有些柔性制造系统的检验、装卡和维护工作可在第一班完成，第二、第三班可在无人照看下正常生产。在理想的柔性制造系统中，其监控系统还能处理如刀具的磨损调换、物流的堵塞疏通等运行过程中出现的问题。

6. 产品应变能力大　刀具、夹具及物料运输装置具有可调性，且系统平面布置合理，便于增减设备，满足市场需要。

7. 经济效果显著　能按需要进行装配作业，及时安排所需零件的加工，实现及时生产，从而减少毛坯和在制品的库存量，及相应的流动资金占用量，缩短生产周期；提高设备的利用率，减少设备数量和厂房面积；减少直接劳动力，在少人看管条件下，可实现24h的连续"无人化生产"；提高产品质量的一致性。

学习效果评价

完成本任务学习后，进行学习效果评价，如表6-1所示。

表6-1　学习效果评价

班级		学号		姓名		成绩	
任务名称							
评价内容			配分		得分		
能够描述柔性制造系统的概念，熟知柔性制造系统的发展过程			20				
掌握柔性制造系统的硬件组成			20				
掌握柔性制造系统软件组成			20				
掌握柔性制造系统优点			20				
学习的主动性			5				
独立解决问题的能力			5				
学习方法的正确性			5				
团队合作能力			5				
总分			100				
建议							

任务二　FMS 数控加工系统应用

学习目标

1. 掌握 FMS 数控加工系统的组成及各模块的作用。
2. 掌握三菱工业机器人编程指令及编程方法。
3. 掌握移动机器人各模块功能。
4. 掌握工业相机颜色识别软件设置方法。

思政目标

1. 培养严谨、细致、勇于尝试的精神。
2. 培养默默奉献、崇尚劳动的精神。

相关知识

一、FMS 数控加工系统的组成及各模块的作用

FMS 数控加工系统是工件加工的平台，由供料单元、检测单元、废料单元、加工单元、仓储单元五大部分组成。

1. 供料单元　供料单元如图 6-1 所示，包括立体供料库、RV-4F-D 型三菱 6 轴工业机器人以及抓手移动机器人。供料单元机器人从供料立体库中依次拾取待加工毛坯，放在托盘

上，供料抓手移动机器人将该物料抓取，运输到检测单元进行检测。

2. 检测单元　检测单元如图 6-2 所示，检测单元包括工业相机、托盘移动机器人以及 RV-2F 型三菱 6 轴工业机器人。当供料单元移动机器人将物料放置到检测单元托盘上时，检测单元机器人将物料抓取至检测工业相机拍照位置，工业相机对物料颜色、外形等进行检测，如果是好的物料则托盘机器人会将其运送至加工中心加工，如果是有瑕疵的物料则托盘机器人将其运送至废料库存储。

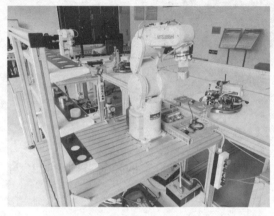

图 6-1　供料单元　　　　　　　　　　　　图 6-2　检测单元

3. 废料单元　废料单元如图 6-3 所示。废料单元包括存储托盘以及 RH-3FH-D 型三菱 4 轴工业机器人。当托盘机器人将废料运送到位之后，废料库的机器人将废料依次抓取至托盘存储位置进行废料存储。

4. 加工单元　加工单元如图 6-4 所示。加工单元包括数控机床以及 RV-4F-L 型三菱 6 轴工业机器人。当托盘移动机器人将加工物料运送至加工单元托盘时，加工单元机器人将物料抓取至加工单元内容，并启动加工单元进行加工。当加工完毕时，机器人将加工好的物料放入仓储单元中进行储存。

图 6-3　废料单元　　　　　　　　　　　　图 6-4　加工单元

5. 仓储单元　仓储单元如图 6-5 所示。仓储单元通过 PLC 可编程逻辑控制器控制，将加工好的物料依次存储在存储立体仓库中。

图 6-5 仓储单元

二、三菱工业机器人编程

1. MOV 指令

功能描述：以各个关节轴（Jog 模式）为单位插补移动到指定的位置。同时可以与 with、with if 附随语句使用。

【程序举例】

Mov P1	（移动到 P1 点位置）
Mov P2，-50（注）	（移动到距 P2 点位置 50mm 处）
Mov P2	（移动到 P2 点位置）
Mov P3，-100 Wth M_Out（17）=1	（移动到距离 P3 点处 100mm 位置，同时输出 IO 信号 17）
Mov P3	（移动到 P3 点位置）
Mov P3，-100	（返回到距离 P3 点位置 100mm 处）
End	（程序结束）

机器人具体的运动过程如图 6-6 所示。

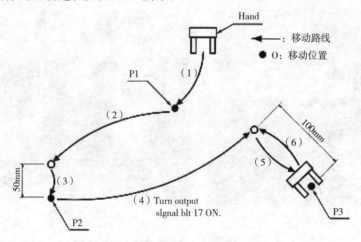

图 6-6 运动过程

2. Mvs 指令

功能描述：将抓手尖端以直线插补移动到指定的位置。

【程序举例】

Mvs P1，－50（注）	（移动到距 P1 点位置后方 50mm 处）
Mvs P1	（移动到 P1 点）
Mvs P1，－50	（移动到距 P1 点位置后方 50mm 处）
Mvs P2，－100 Wth M_Out（17）=1	（移动到距 P2 位置后方 100mm 处，同时输出 IO 信号 17）
Mvs P2	（移动到 P2 点）
Mvs P2，100	（从 P2 点后退 100mm）
End	（程序结束）

机器人具体的运动过程如图 6-7 所示。

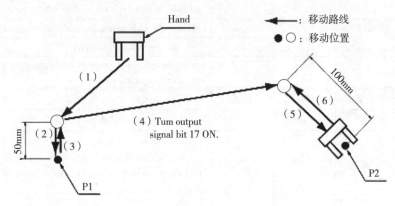

图 6-7　运动过程

3. 速度控制指令　如表 6-2 所示。

表 6-2　速度控制指令

指令	说明
Spd	对直线、圆弧插补动作时的速度按抓手尖端速度设定
Ovrd	对程序整体的动作速度按照最高速度的比例设定

【程序举例】

Ovrd 100	（将整体动作速度设置为 100%）
Mov　P1	（以最高速度移动到 P1）
Ovrd 50	（将整体速度设置为最高速度的一半）
Spd 120	（将抓手间断速度设置为 120mm/s，实际速度为 60mm/s）
Mov P2	（按照 60mm/s 速度移动到 P2）
END	（程序结束）

三、移动机器人模块功能

1. Motor 模块　一个 Robotino 机器人包含 3 个直流减速电机，电机的减速比为 16∶1。3 个电机模块控制方式是一样的，下面以 Motor1 模块为例讲解模块的使用方法。图 6-8 为电机模块，此模块有 4 个输入，3 个输出。输入、输出的具体的含义和用法见表 6-3。

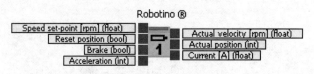

图 6-8　Motor 模块

表 6-3　各引脚功能描述

输入	类型	单位	默认值	功能描述
Speed set-point	float	rpm	0	The speed set-point of the motor control in rounds per minute. Please not that there is a 16∶1 gear between motor and Robotino's wheel
Reset position	bool		false	If true the tick counter of the motor's encoder is reset to 0
Brake	bool		false	If true the motor is stopped
Acceleration	int		100	Coupling of speed set-point at the input and the speed set-point really transmitted
输出	类型	单位	默认值	功能描述
Actual velocity	float	rpm		The actual velocity of the motor
Actual position	int			The number of ticks counted since power up of Robotino or since "Reset position" had been true and the false. The ticks are generated by the motor's encoder which generates 2000 ticks per round
Current	float	A		The current measured at the motor's H-bridge

双击 Motor 模块，会弹出新的对话框，如图 6-9 所示。此对话框参数是对系统 PID 控制参数 Acceleration、kp、ki、kd 进行设置，保持默认值即可。

Acceleration 这个参数是表示电机模块输入速度的百分比，如果为 50，即实际输入的速度为原速度的 50%，默认值为 100。

图 6-9　Motor 模块参数

2. Omniantrieb 模块　Omniantrieb 模块有 3 个输入和 3 个输出如图 6-10 所示，此模块的作用是将 3 个输入速度通过一定的计算转换为 3 个电机模块的实际输入速度 V_x、V_y 和 Omega（角度）。

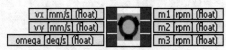

图 6-10　Omniantrieb 模块

具体各个输入、输出的含义见表 6-4。

表 6-4　各引脚功能描述

输入	类型	单位	默认值	功能描述
V_x	float	mm/s	0	Set-velocity in x-direction in Robotino's local coordinate system

（续）

输入	类型	单位	默认值	功能描述
V_y	float	mm/s	0	Set-velocity in y-direction in Robotino's local coordinate system
Omega	float	deg/s	0	Set-rotational velocity

输出	类型	单位	默认值	功能描述
m1	float	rpm		Speed set-point motor 1
m2	float	rpm		Speed set-point motor 2
m3	float	rpm		Speed set-point motor 2

3. 驱动模块使用举例　首先将电机以及电机驱动模块导入程序界面，再利用鼠标将各模块引脚相连接，最后输入具体的运动数值，3 个电机按照输入的 3 个方向速度运动（图 6-11）。

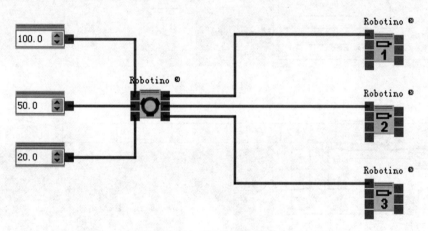

图 6-11　驱动模块使用

四、工业相机识别设置

采用欧姆龙 FZ-SC 彩色 CCD 相机，结合欧姆龙 FH-L550 处理器对 6 轴自由度工业机器人抓取的物体进行视觉识别，并且把被识别的物体的特征信息发送给中央控制器和机器人控制器，则根据被识别的物体具有的不同特征而执行不同的相对应的动作，从而完成整个工作站流程。下面具体介绍相机颜色识别软件设置方法。

颜色识别软件具体设置步骤如下：

（1）选择颜色识别工具。单击"标签"图标，进入标签编辑界面，单击"颜色指定"，勾选"自动设定"，拖动鼠标在当前拍摄的物体上拾取颜色或者在颜色表中选取颜色，其余参数使用默认设置，如图 6-12 所示。

（2）选择颜色识别的区域，单击"区域设定"，在"登录图形"处选择相应图形，其余参数使用默认设置，单击"适用"，再点击"确定"，如图 6-13 所示。

（3）选择测量参数，进行参数设置。单击"测量参数"，点击"抽取条件"下拉菜单，选择"面积"，更改"面积"最小值为"1 000"，其余参数使用默认设置，如图 6-14 所示。

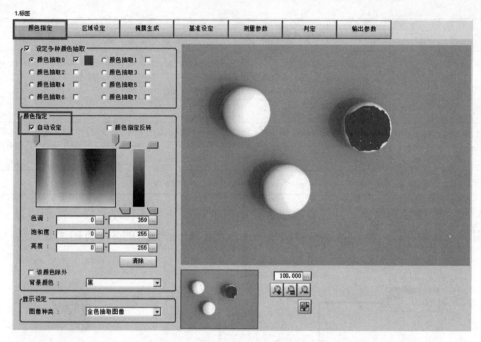

图 6-12　标签

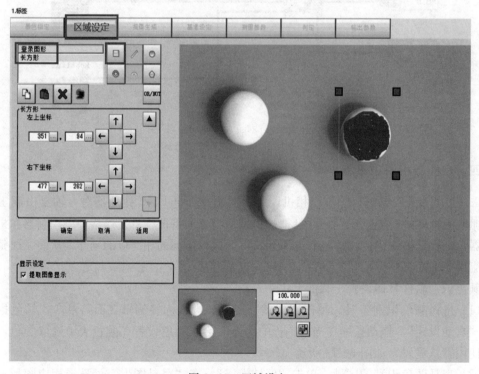

图 6-13　区域设定

（4）选择串行数据输出，设置数据输出的内容，单击"设定"，选中一个输出编号，单击表达式框后面的扩展按钮，选择"TJG"，单击"确定"，如图 6-15 所示。

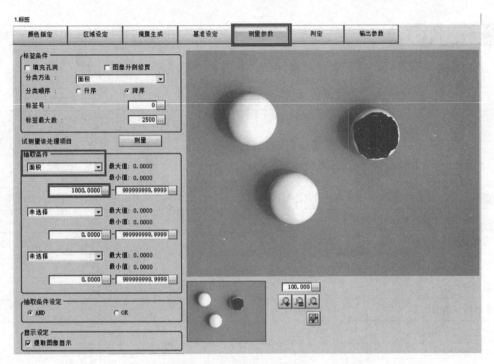

图 6 - 14　测量参数

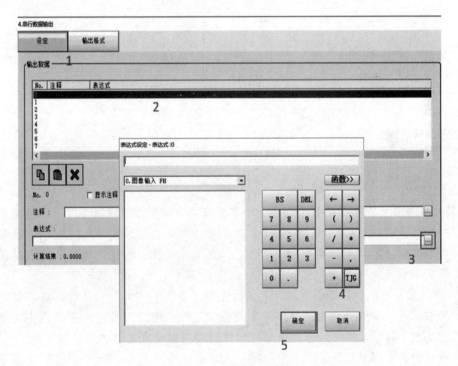

图 6 - 15　串行数据输出

按照上述步骤就可以完成相应颜色工件的颜色识别。工业相机模块往往是 FMS 数控加工系统关键的一环，工业相机就是设备的"眼睛"，使工业设备能更好地识别外部工件信息，从而对后续工件的加工起到指导作用。

学习效果评价

完成本任务学习后，进行学习效果评价，如表6-5所示。

表6-5 学习效果评价

班级		学号		姓名		成绩	
任务名称							
评价内容				配分		得分	
能够描述FMS数控加工系统各组成模块及其作用				20			
掌握三菱工业机器人编程指令使用方法				20			
掌握移动机器人各模块功能				20			
掌握工业相机颜色识别软件设置的方法				20			
学习的主动性				5			
独立解决问题的能力				5			
学习方法的正确性				5			
团队合作能力				5			
总分				100			
建议							

延伸阅读

顾秋亮：深海"蛟龙"守护者

"蛟龙"号载人潜水器是目前世界上下潜最深的作业型载人潜水器之一，其研制难度不亚于航天器。在这个高精尖的重大技术攻关中，有一个钳工技师的身影，他就是顾秋亮——中国船舶重工集团公司第七〇二研究所水下工程研究开发部职工，蛟龙号载人潜水器首席装配钳工技师。

10多年来，顾秋亮带领全组成员，保质保量完成了"蛟龙"号总装集成、数十次水池试验和海试过程中的蛟龙号部件拆装与维护，还和科技人员一道攻关，解决了海上试验中遇到的技术难题，用实际行动演绎着对祖国载人深潜事业的忠诚与热爱。

作为首席装配钳工技师，工作中面对技术难题是常有的事。而每次顾秋亮都能见招拆招，靠的是工作四十余年来养成的钻研精神。他爱琢磨、善钻研，喜欢啃工作中的"硬骨头"。凡是交给他的活儿，他总是绞尽脑汁想着如何改进安装方法和工具，提高安装精度，确保高质量地完成安装任务。正是凭着这股爱钻研的劲，顾秋亮在工作中练就了较强的创新能力和解决技术难题的技能，出色完成了各项高技术、高难度、高水平的工程安装调试任务。

已近花甲的顾秋亮仍坚守在科研生产第一线，为载人深潜事业不断创造我国深蓝乃至世界深蓝的奇迹。

思考题

1. 简述 FMS 的基本组成。
2. 简述 FMS 各部分的功能。
3. 简述 FMS 的优点。
4. 简述 FMS 数控加工系统的组成。
5. 简述三菱工业机器人的基本指令。
6. 简述移动机器人各模块功能。
7. 简述工业相机颜色识别软件设置的方法。

项目七

工业机器人认知及应用

任务一　工业机器人认知

相关知识

一、工业机器人的定义及特点

1. 工业机器人的定义　工业机器人发展至今天，其定义并没有一个统一的标准，主要是因为机器人技术在不断发展，新的机型、新的功能不断涌现，同时机器人涉及人的概念，容易上升为哲学问题。

国际标准化组织（ISO）对机器人定义：机器人是指一种能自动控制，可重复编程，具有多功能、高自由度的操作机，能搬运材料、工件或操持工具来完成各种作业。目前各国大多遵循 ISO 所下的定义。

根据定义，工业机器人是指面向工业领域的多关节机械手或多自由度的机器装置，它能自动执行工作，是靠自身动力和控制能力来实现各种功能的一种机器。它可以接受人类指挥，也可以按照预先编排的程序运行。现代工业机器人还可以根据人工智能技术制定的原则纲领行动。

也可以这样理解，工业机器人是一种通过重复编程和自动控制，能够完成制造过程中某些操作任务的多功能、多自由度的机电一体化自动机械装备和系统，它结合制造主机或生产线，可以组成单机或多机自动化系统，在无人参与下，实现搬运、焊接、装配和喷涂等多种生产作业。

2. 工业机器人的特点　工业机器人技术和产业迅速发展，在生产中应用日益广泛，已成为现代制造生产中重要的高度自动化装备。自 20 世纪 60 年代初第一代机器人问世以来，工业机器人的研制和应用有了飞速的发展。工业机器人最显著的特点归纳如下：

（1）可编程。生产自动化的进一步发展是柔性自动化。工业机器人可随其工作环境变化的需要而再编程，因此它在小批量、多品种、高效率的柔性制造过程中能发挥很好的作用，是柔性制造系统（FMS）中的一个重要组成部分。

（2）拟人化。工业机器人在机械结构上有类似人的大臂、小臂、手腕、手爪等部分，由电脑控制。此外，智能化工业机器人还有许多类似人类的"生物传感器"，如接触传感器、力传感器、负载传感器、视觉传感器、声觉传感器等，传感器提高了工业机器人对周围环境的自适应能力。

（3）通用性。除了专门设计的专用工业机器人外，一般工业机器人在执行不同的作业任务时具有较好的通用性。比如，更换工业机器人手部末端操作器（手爪、工具等）便可执行不同的作业任务。

（4）机电一体化。工业机器人技术涉及的学科相当广泛，但是归纳起来是机械学和微电子学的结合——机电一体化技术。目前，第三代智能机器人不仅具有获取外部环境信息的各种传感器，而且还具有记忆能力、语言理解能力、图像识别能力、推理判断能力等，这些都和微电子技术的应用，特别是计算机技术的应用密切相关。因此，机器人技术的发展和应用水平可以验证一个国家科学技术和工业技术的发展水平。

二、工业机器人发展状况及方向

1. 工业机器人发展状况　现代机器人的研究始于 20 世纪中期，其技术背景是计算机和自动化的发展，以及原子能的开发利用。自 1946 年第一台数字电子计算机问世以来，计算机技术取得了惊人的进步，不断向高速度、大容量、低价格的方向发展。同时，大批量生产的迫切需求推动了自动化技术的进展，催生了数控机床的诞生。1951 年，美国麻省理工学院成功开发了第一代数控机床，与数控机床相关的控制、机械零件的研究为机器人的开发奠定了基础。

1954 年，美国发明家乔治德沃尔最早提出了工业机器人的概念。1959 年，Unimation 公司研制出第一台工业机器人 Unimate，并在 1961 年将其应用到汽车生产线上，用于将铸件中的零件取出。

我国工业机器人起步于 20 世纪 70 年代初，其发展过程大致可分为 3 个阶段：20 世纪 70 年代的萌芽期，80 年代的开发期，90 年代的实用化期，如今已经初具规模。目前，我国已生产出部分机器人关键元器件，开发出弧焊、点焊、码垛、装配、搬运、注塑、冲压、喷漆等工业机器人。一批国产工业机器人已服务于国内许多企业的生产线上，一批研究机器人技术的人才也涌现出来。相关科研机构和企业已掌握了工业机器人操作机的优化设计制造技术、工业机器人控制与驱动系统的硬件设计技术、机器人软件的设计与编程技术、运动与轨迹规划技术，以及大型机器人自动生产线与周边配套设备的开发和制备技术等。某些关键技术已达到或超过世界水平。

2. 工业机器人发展方向　经过多年的发展，现阶段工业机器人正朝着以下 5 个方向发展：

（1）工业机器人的性能不断提高，高精度、高灵活性、易操作和易维护，而单机价格一直在下降。

（2）机械结构正朝着模块化和可重构方向发展。例如，关节模块中的伺服电机、减速器和检测系统是集成的，整个机器人由关节模块和连杆模块重组构成。

（3）工业机器人控制系统正在向基于 PC 机的开放式控制器发展，便于标准化和网络化，设备集成度提高，控制柜变得越来越小，采用模块化结构，大大提高了系统的可操作性和可维护性。

（4）工业机器人中的传感器正在发挥越来越重要的作用。除了位置、速度和加速度等传统传感器之外，装配和焊接机器人还使用视觉和力等传感器，多传感器融合配置技术已经在生产系统中得到应用。

（5）虚拟现实技术在机器人中的作用已经从模拟和预览发展到了一定的程度，如远程操作机器人。

三、工业机器人的分类

工业机器人按照不同标准有很多种分类方式，一般工业机器人可以按照机械结构、操作机坐标形式、程序输入方式、驱动方式、应用领域等进行分类。

1. 按机械结构分类

（1）串联机器人。一个轴的运动会改变另一个轴的坐标原点，如六关节机器人。

（2）并联机器人。一个轴运动不影响另一个轴的坐标原点，如蜘蛛机器人。

2. 按操作机坐标形式分类

（1）圆柱坐标型机器人的臂部可作升降、回转和伸缩动作。

（2）球坐标型机器人的臂部能回转、俯仰和伸缩。

（3）多关节型机器人的臂部有多个转动关节。

（4）平面关节型机器人的轴线相互平行，实现平面内定位和定向。

（5）直角坐标型机器人的臂部可沿 3 个直角坐标移动。

3. 按程序输入方式分类

（1）编程输入型机器人。编程输入型是将计算机上已编辑好的作业程序文件，通过 RS232 串口或者以太网等通信方式传送到机器人控制柜。

（2）示教输入型机器人。示教输入型的示教方法有两种，一种是由操作者用手动控制器（示教操纵盒），将指令信号传给驱动系统，使执行机构按要求的动作顺序和运动轨迹操演一遍。另一种是由操作者直接领动执行机构，按要求的动作顺序和运动轨迹操演一遍。在示教的同时，工作程序的信息自动存入程序存储器中，在机器人自动工作时，控制系统从程序存储器中检出相应信息，将指令信号传给驱动机构，使执行机构再现示教的各种动作。

4. 按驱动方式分类

（1）液压驱动机器人。

（2）气压驱动机器人。

（3）电力驱动机器人。

5. 按应用领域分类

（1）搬运机器人。

（2）喷涂机器人。

（3）焊接机器人。

（4）装配机器人。

（5）切割机器人。

（6）打磨、抛光机器人。

四、工业机器人的组成

工业机器人通常由执行机构、驱动系统、控制系统和传感系统4个部分组成。

1. 执行机构 执行机构是机器人赖以完成工作任务的实体，通常由一系列连杆、关节或其他形式的运动部件组成。从功能的角度可分为手部、腕部、臂部、腰部和机座。

2. 驱动系统 工业机器人的驱动系统是向执行系统各部件提供动力的装置，包括驱动器和传动机构2个部分，它们通常与执行机构连成一体。驱动器通常有电动、液压、气动装置以及把它们结合起来应用的综合系统。常用的传动机构有谐波传动、螺旋传动、链传动、带传动以及各种齿轮传动等。

（1）气压驱动。气动系统通常由气缸、气阀、气罐和空压机等组成，以压缩空气来驱动执行机构进行工作。其优点是空气来源方便、动作迅速、结构简单、造价低、维修方便、防火防爆、漏气对环境无影响；缺点是操作力小、体积大，又由于空气的压缩性大、速度不易控制、响应慢、动作不平稳、有冲击。因起源压力一般只有60MPa左右，故此类机器人适用于抓举力要求较小的场合。

（2）液压驱动。液压驱动系统通常由液动机（各种油缸、油马达）、伺服阀、油泵、油箱等组成，以压缩机油来驱动执行机构进行工作，其特点是操作力大、体积小、传动平稳且动作灵敏、耐冲击、防爆性好。相对于气压驱动，液压驱动的机器人具有更大的抓举能力，可高达上百千克。但液压驱动系统对密封的要求较高，且不宜在高温或低温的场合工作。

（3）电力驱动。电力驱动是利用电动机产生的力或力矩直接或经过减速机构驱动机器人，以获得所需的位置、速度和加速度。电力驱动具有电源易取得，无环境污染，响应快，驱动力较大，信号检测、传输、处理方便，可采用多种灵活的控制方案，运动精度高，成本低，驱动效率高等优点，是目前机器人使用最多的一种驱动方法。驱动电动机一般采用步进电动机、直流伺服电动机以及交流伺服电动机。

3. 控制系统 工业机器人的位置控制方式有点位控制和连续路径控制两种。其中，点位控制方式只关心机器人末端执行器的起点和终点位置，而不关心这两点之间的运动轨迹，这种控制方式可完成无障碍条件下的点焊、上下料、搬运等操作。连续路径控制方式不仅要求机器人以一定的精度达到目标点，而且对移动轨迹也有一定的精度要求，如机器人喷漆、弧焊等操作。实质上这种控制方式是以点位控制方式为基础，在每两点之间用满足精度要求的位置轨迹插补算法实现轨迹连续化的。

4. 传感系统 传感系统是机器人的重要组成部分，按其采集信息的位置，一般可分为内部和外部两类传感器。内部传感器是完成机器人运动控制所必需的传感器，如位置、速度传感器等，用于采集机器人内部信息，是构成机器人不可缺少的基本元件。外部传感器检测机器人所处环境、外部物体状态或机器人与外部物体的关系。常用的外部传感器有听觉传感器、触觉传感器、视觉传感器等。

传统的工业机器人仅采用内部传感器，用于对机器人运动、位置及姿态进行精确控制。使用外部传感器后，机器人对外部环境具有一定程度的适应能力，从而表现出一定程度的智能。

学习效果评价

完成本任务学习后，进行学习效果评价，如表 7-1 所示。

表 7-1　学习效果评价

班级		学号		姓名		成绩	
任务名称							
评价内容				配分		得分	
能够描述工业机器人的定义及特点				20			
能够描述工业机器人发展状况及方向				20			
能够对工业机器人进行分类				20			
能够描述工业机器人的组成及其特点				20			
学习的主动性				5			
独立解决问题的能力				5			
学习方法的正确性				5			
团队合作能力				5			
总分				100			
建议							

任务二 工业机器人手动操作

工业机器人
手动操作

相关知识

工业机器人示教器是手动控制机器人的人机交互设备，操作者在学习机器人编程调试之前需要掌握机器人示教器各部分的作用和基本操作方法，如急停按钮、使能按钮、控制摇杆以及快捷按键等的使用。

工业机器人包括3种基本运动即单轴运动、线性运动和重定位运动，每种运动方式的作用各不相同，同时增量模式会提供给操作者更加精确的定位方法，这是学习机器人编程之前必须掌握的知识点和技能点。

一、认识工业机器人示教器

工业机器人示教器通过电缆线和机器人的控制器相连，可实现机器人的手动操作、程序编写、参数配置以及外部监控等功能。机器人示教器是操作员最常使用的控制装置之一。

1. 工业机器人示教器的结构和作用 如图7-1所示为ABB工业机器人的示教器，示教器各结构的作用如表7-2所示。

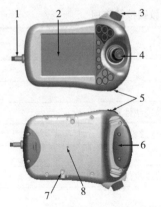

图7-1 ABB工业机器人示教器结构

1. 连接电缆 2. 触摸屏 3. 急停开关 4. 手动操作摇杆
5. USB接口 6. 使能按钮 7. 笔 8. 复位按钮

表 7 - 2　示教器各部分作用

名称	作用
连接电缆	和控制器相连以便进行手动控制
触摸屏	屏幕显示示教器的内容
急停开关	紧急停止机器人动作
手动操作摇杆	手动操作机器人运动
USB 接口	程序备份或者重装系统
使能按钮	机器人伺服电机上电
笔	触摸屏用笔
复位按钮	示教器重启复位

ABB 工业机器人的示教器上还集成了很多功能按键以方便操作者使用，按键如图 7 - 2 所示，具体作用如表 7 - 3 所示。

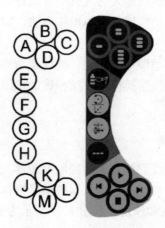

图 7 - 2　示教器按键

表 7 - 3　示教器按键作用

按键	作用
A～D	预设按键
E	选择机械单元
F	切换运动模式（重定位或线性）
G	切换运动模式（轴 1～3 或轴 4～6）
H	切换增量
J	按下此按钮可使程序后退执行上一条指令
K	开始执行程序
L	按下此按钮可使程序前进执行下一条指令
M	停止执行程序

2. 设定示教器的显示语言　出厂时示教器默认的语言是英语，为了操作方便也可以转

换为中文，具体操作如下：

（1）单击 ABB 工业机器人示教器菜单按钮，主菜单页面如图 7-3 所示。

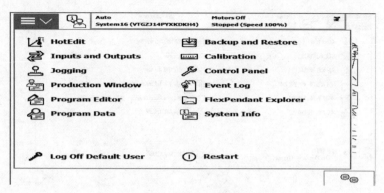

图 7-3　主菜单

（2）选择"Control Panel"选项进入控制面板设置主界面，选择"Language"语言选项设置语言，如图 7-4 所示。

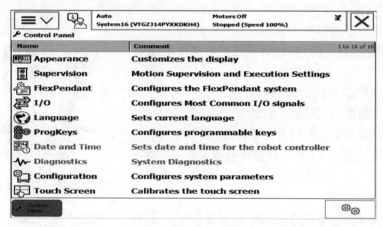

图 7-4　语言设置

（3）选择语言"Chinese"之后单击"OK"后，在弹出的对话框中选择"YES"等待示教器重新启动，如图 7-5 所示。

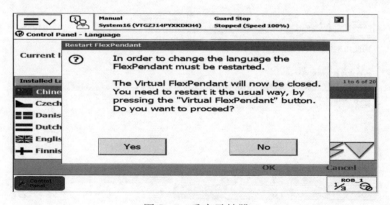

图 7-5　重启示教器

（4）示教器重启后，单击菜单按钮即可看到语言设置完毕，显示出菜单，如图 7 - 6 所示。

图 7 - 6　语言设置完毕

3. ABB 工业机器人转速计数器更新操作　ABB 工业机器人和传统的工业机器人一样，每个轴都有一个机械原点位置。在某些情况下需要对机械原点位置进行校正，称为转速计数器更新操作。

（1）需更新计数器的具体情况。

①更换伺服电机转速计数器电池之后，这种情况是最为常见的。

②当转速计数器发生故障，修复之后。

③当转速计数器与测量板之间断开之后。

④断电后，机器人关节轴发生了移动。

⑤当系统报警提示"10036 转速计数器未更新"时。

（2）120 型 ABB 工业机器人转速计数器更新的具体操作。

①将机器人 6 个关节轴移动到原点刻度位置，如图 7 - 7 所示。

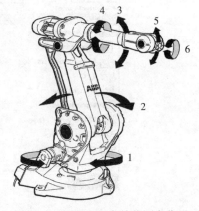

图 7 - 7　机器人 6 个关节原点位置

②首先移动 4～6 轴，然后再移动 1～3 轴。点击 ABB 工业机器人示教器菜单按钮上的"校准"，单击 ROB_1 机械单元，显示界面如图 7 - 8 所示。

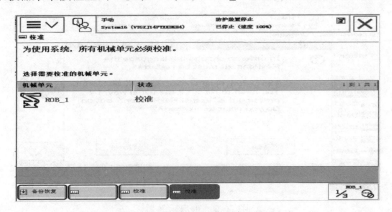

图 7 - 8　ROB_1 机械单元校准

③单击校准参数，然后选择"编辑电机校准偏移"，显示界面如图7-9所示。

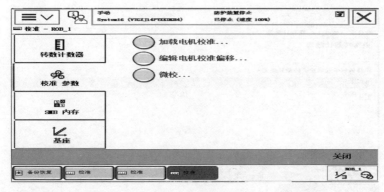

图7-9　校准参数

④进入设置界面点击"是"，如图7-10所示，重新启动控制器，如图7-11所示。

图7-10　设置界面

图7-11　重新启动控制器

⑤控制器重新启动之后按照前面步骤进入设置界面，选择校准参数和更新转数计数器，如图7-12所示。

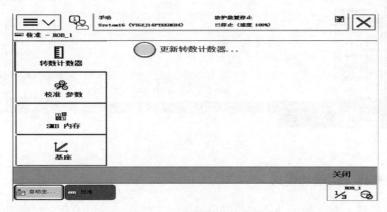

图7-12　更新转数计数器

131

⑥点击"是"进入校准画面后，再点击"是"校准，进入界面如图 7-13 所示。

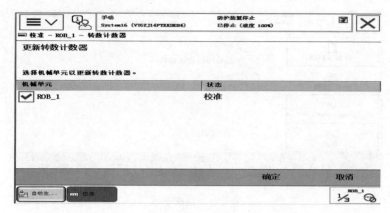

图 7-13　校准

⑦进入如图 7-14 所示界面，点击全选，更新 6 个关节轴的转速计数器，之后选择更新。

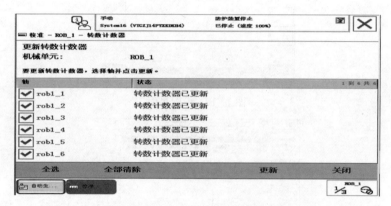

图 7-14　更新转速计数器

⑧更新之后，点击如图 7-15 所示界面中"确定"结束操作。

图 7-15　操作界面

二、工业机器人的运动模式

ABB 工业机器人有 3 种运动模式，即单轴运动、线性运动以及重定位运动。

（一）工业机器人单轴运动

利用示教器每次操纵一个轴的运动方式即为单轴运动。在进行手动操作之前需要将机器人的示教器调整到手动操作模式，即将示教器上机器人状态钥匙切换到中间手动限速挡位，然后才能通过示教器手动操作机器人，如果机器人处于自动运行的状态，示教器会弹出报错的提示。

手动单轴运动分为1~3轴和4~6轴两种状态，具体操作如下：

（1）点击菜单按钮，选择手动操纵，进入手动操作界面，选择动作模式选项，如图7-16所示。

图7-16　动作模式

（2）可以选择1~3轴和4~6轴运动，这里选择1~3轴，点击"确定"，显示界面如图7-17所示。

图7-17　选择单周运动

（3）左手按下示教器的使能按钮，在示教器顶部会提示电机开启，如图7-18所示。根

图7-18　电机开启

133

据右下角的提示,可以操纵摇杆来对机器人的 1～3 轴进行操作。图中箭头方向表示轴的正方向。

注意:在利用操纵杆进行手动操作时需要先按下电机的使能按钮,否则控制器会报错。

操纵杆的使用技巧:可以将 ABB 工业机器人的操纵杆比作汽车的油门,操作杆操作幅度越大,机器人速度相对越快。建议初学者在使用操纵杆时幅度要小一些,以免发生碰撞等意外事故。

(二)工业机器人线性运动

ABB 工业机器人的线性运动即安装在机器人第 6 轴法兰盘上的工具中心点(TCP)在空间中的某一坐标系做线性(直线)运动。具体操作如下:

(1)点击菜单按钮,选择手动操纵,进入手动操作界面,再选择动作模式选项,动作模式选择线性运动,点击"确定"。因为线性运动是 TCP 的运动,所以需要选择工具坐标数据,这里选择我们所需的工具数据 tool 1,如图 7-19 所示。

注意:工具数据的选择需要根据实际机器人所安装的工具来进行。如果机器人没有安装工具可以使用 tool 0 默认的工具数据。

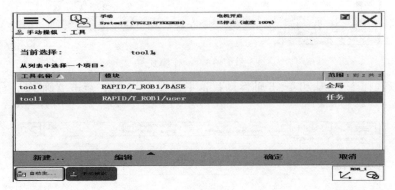

图 7-19　工具数据选择页面

(2)选择合适的坐标系,如图 7-20 所示。

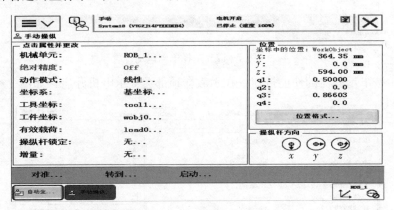

图 7-20　选择坐标系

(3)ABB 工业机器人共提供 4 种坐标系,如图 7-21 所示。

坐标系说明:手动线性运动 x、y、z 的坐标轴方向和用户所选择的坐标系密切相关,ABB工业机器人提供了 4 种可选择的坐标系:基坐标系、大地坐标系、工具坐标系和工件坐标系。

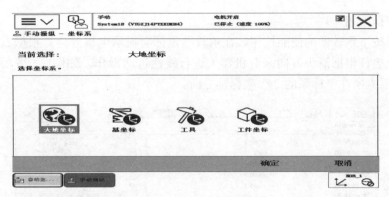

图 7 - 21　坐标系选择

①基坐标系。ABB 工业机器人的基坐标系是以机器人的底座中心为坐标系原点，3 个方向固定的坐标系，如图 7 - 22 所示。基坐标系的特点是坐标轴方向不会随着机器人的运动而改变，非常适合初学者操作。

②大地坐标系。在默认情况下，大地坐标系与基坐标系是一致的，也可以人为的设定大地坐标系的方向，这在多机协同时非常有用，可以使多台机器人在一个运动坐标系中运动，使操作更容易。如图 7 - 23 所示，A 与 C 为机器人的基坐标系，B 为两台机器人的大地坐标系。

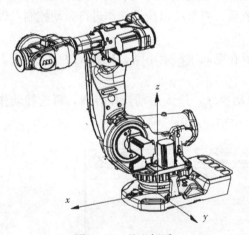

图 7 - 22　基坐标系

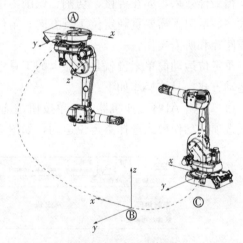

图 7 - 23　大地坐标系

③工具坐标系。工具坐标系是将工具中心点设为零位，由此定义工具的位置和方向，工具坐标系中心为 TCP。如果操作时改变了机器人第 6 轴法兰盘的角度，机器人的工具会随之动作，从而机器人的工具坐标方向将随之改变，换句话说机器人的工具坐标系的方向会随着工具的运动而改变，如图 7 - 24 所示。

④工件坐标系。工件坐标系是拥有特定附加属性的坐标系。它主要用于简化编程，工件坐标系拥有两个框架：用户框架（与大地基座相关）和工件

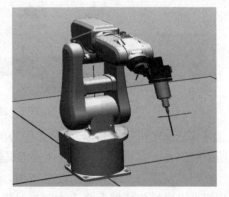

图 7 - 24　工具坐标

135

框架（与用户框架相关）。

（4）左手按下示教器的使能按钮，在示教器顶部会提示电机开启，根据右下角的提示，我们可以操纵摇杆根据箭头方向来对机器人进行线性运动操作，如图 7 - 25 所示。其中 x、y、z 表示机器人所在坐标系的 3 个坐标轴方向。

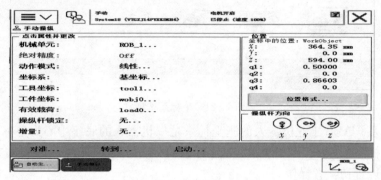

图 7 - 25　线性进行操作

（三）工业机器人重定位运动

一些特定情况下我们需要重新定位工具方向，使工业机器人与工件保持特定的角度，以便获得最佳效果，如在焊接、切割、铣削等中的应用。当将工具中心点微调至特定位置后，在大多数情况下需要重新定位工具方向，定位完成后，将继续以线性动作进行微动控制，以完成路径和所需操作。

重定位运动简单来说就是机器人的工具中心点在空间中固定不动，机器人改变工具姿态的运动方式，具体操作如下：

（1）点击 ABB 工业机器人菜单按钮，选择手动操纵，进入手动操作界面，再选择动作模式选项，动作模式选择重定位运动，如图 7 - 26 所示。点击"确定"。

图 7 - 26　重定位运动动作模式

（2）重定位运动是以 TCP 为中心的运动，所以需要选择工具坐标数据。这里选择我们所需的工具数据 tool 1，并选择"工具坐标系"，如图 7 - 27 所示。

（3）左手按下示教器的使能按钮，在示教器顶部会提示电机开启，根据右下角的提示，我们可以操纵摇杆根据箭头方向来对机器人进行重定位运动的操作。

图 7-27　选择工具坐标系

三、工业机器人增量模式

在手动操作机器人时，为了避免操作不当而产生意外，可以在手动操作时开启增量模式。在增量模式中，操纵杆每移动一次，机器人就移动一步。如果操纵杆持续 1 秒或数秒钟，机器人就会持续运动（速率为 10 步/s）。

1. 增量参数选择　点击 ABB 工业机器人菜单按钮，选择手动操纵，进入手动操作界面，选择增量选项，有无、小、中、大和用户几种选项。默认选项是"无"（即不开启增量），可以根据需要选择合适的选项，一般选择"大"即可。此时增量开启，如图 7-28 所示。

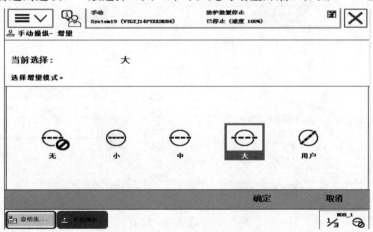

图 7-28　大增量开启

2. 增量参数设置　选择合适的增量参数，具体操作如下：

（1）点击屏幕右下角快捷菜单选项，在屏幕右侧弹出快捷菜单，如图 7-29 所示。选择增量选项，如图 7-30 所示。

（2）弹出增量选择对话框，点击显示值，可以看到大、中、小 3 种选择项的参数数值，参数值反映了在 3 种运动方式中的运动速度，如图 7-31 所示。

（3）大、中、小选项的参数值如图 7-32 所示。

（4）参数修改时可以点击用户模块修改参数，如图 7-33 所示。也可以直接点击相应数值进行修改，如图 7-34 所示。

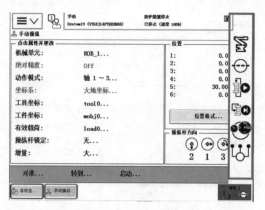

图 7-29 右侧快捷菜单

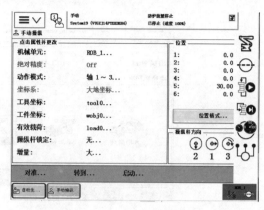

图 7-30 增量选项

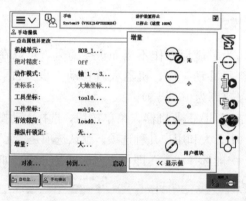

图 7-31 显示值

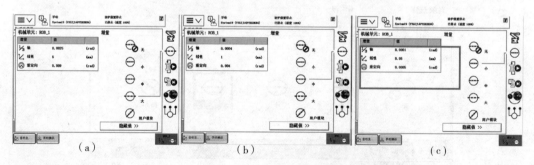

（a）　　　　　　　　（b）　　　　　　　　（c）

图 7-32 选项的参数值

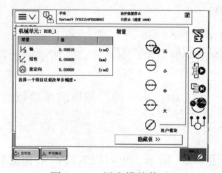

图 7-33 用户模块修改

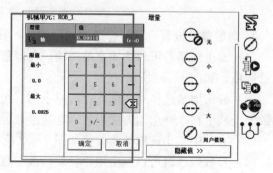

图 7-34 直接修改

完成本任务学习后，进行学习效果评价，如表 7-4 所示。

表 7-4　学习效果评价

班级		学号		姓名		成绩	
任务名称							
评价内容				配分		得分	
能够描述示教器各组成部分的作用				20			
掌握工业机器人转速计数器的更新方法				20			
会用示教器切换手动操作，并可根据实际情况选择正确的手动操作方法				20			
会利用增量模式配合手动操作，使手动操作更加精确				20			
学习的主动性				5			
独立解决问题的能力				5			
学习方法的正确性				5			
团队合作能力				5			
总分				100			
建议							

任务三　工业机器人示教编程及应用

学习目标

1. 掌握工业机器人新建和加载程序的方法。
2. 掌握工业机器人基本运动指令。
3. 掌握工业机器人示教编程的方法。

思政目标

1. 培养良好的学习习惯。
2. 培养科学探索精神。

相关知识

　　工业机器人编程之前需要新建程序，新建程序主要是建立程序模块和例行程序。机器人最基本的编程就是需要让机器人运动，这就需要运动指令，利用运动指令可以使机器人按照任务要求进行运动，配合手动操作就可以使机器人完成简单轨迹的运动。

一、新建和加载程序

1. 新建程序模块　新建程序模块是编写 RAPID 程序的第一步，具体操作如下：

（1）选择程序编辑器，如图 7-35 所示。

（2）如果是第一次建立程序，会弹出如图 7-36 所示对话框，这里点击"取消"。

图 7-35　程序编辑器首页　　　　　　　　　　　图 7-36　第一次建立程序

（3）进入模块列表，系统默认的有 BASE 和 user 两个系统模块，如果用户创建了相应模块，在此列表中都可以显示出来，如图 7-37 所示。

（4）点击文件，在文件菜单中用户可以选择对模块进行一系列操作，如新建模块、删除模块等，如图 7-38 所示。

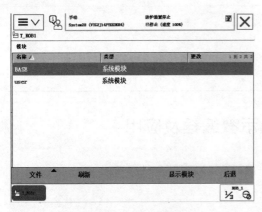
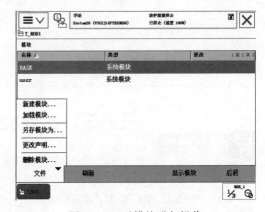

图 7-37　系统模块　　　　　　　　　　　图 7-38　对模块进行操作

（5）根据需要，点击"新建模块"，建立新的程序模块，如图 7-39 所示。

（6）如果要添加新模块，程序指针会丢失，这对编程没有什么影响，选择"是"，如图 7-40 所示。

（7）弹出新建模块对话框，用户可以修改模块的名称和类型，如图 7-41 所示。

（8）模块名称可以根据实际情况修改。类型可以选择"Program（程序模块）""System（系统模块）"，这里选择 Program（程序模块），点击"确定"，如图 7-42 所示。

（9）此时在模块列表中就出现了新建立的程序模块，如图 7-43 所示。

2. 新建例行程序　用户建立好自己的程序模块后，还是不能编写程序，需要建立本程序模块的例行程序，编写程序是在例行程序中完成的，可以根据自己的需要建立一个或多个例行程序。建立例行程序方法具体操作如下：

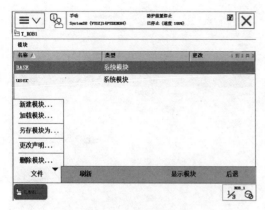

图 7-39 新建模块

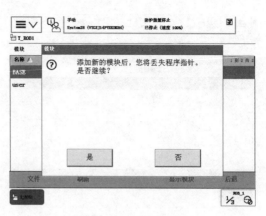

图 7-40 添加新模块

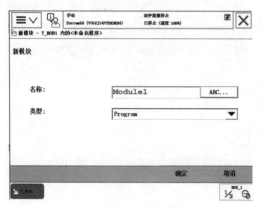

图 7-41 建立模块名称和类型

图 7-42 选择 Program（程序模块）

图 7-43 程序模块建立

（1）假设用户已经创建好一个程序模块，如图 7-44 所示。

（2）选择"Module1"，点击"显示模块"，如图 7-45 所示。

（3）进入模块内，点击"例行程序"进入例行程序列表，如图 7-46 所示。

（4）点击"文件"菜单，弹出对例行程序操作的选项，如图 7-47 所示。

（5）点击"新建例行程序"，建立新的例行程序，如图 7-48 所示。

（6）可以修改例行程序的名称，这里采用默认名字 Routine1，如图 7-49 所示。

图 7-44　Module1 程序模块

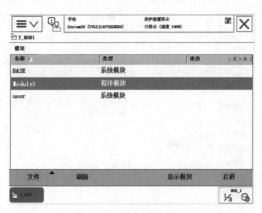

图 7-45　显示模块

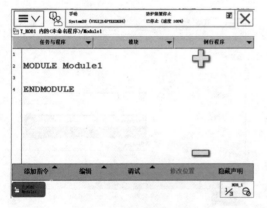

图 7-46　进入例行程序

图 7-47　文件菜单

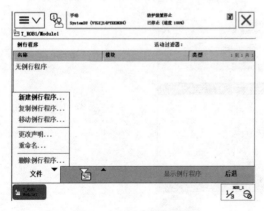

图 7-48　新建例行程序

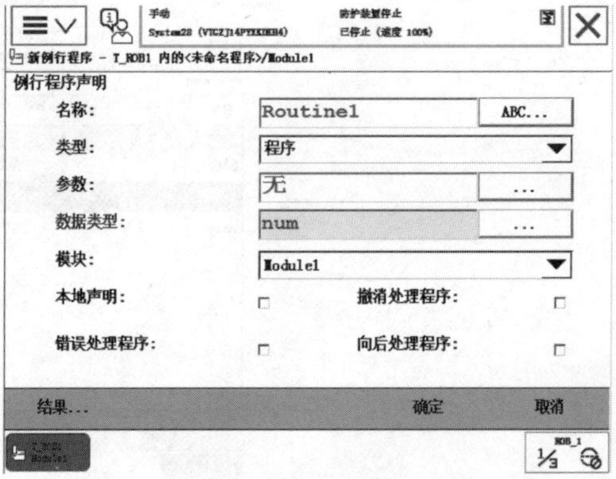

图 7-49　修改例行程序的名称

（7）在类型选择中有 3 种类型可以选择，这里选择"程序"，如图 7-50 所示。

（8）在参数中可以选择无参数或带参数，这里选择"无参数"，如图 7-51 所示。

（9）在模块选项中可以选择此例行程序属于哪个程序模块，这里选择 Module1，如图
7-52 所示。

（10）其他的选项默认即可，点击"确定"，如图 7-53 所示。

（11）此时，在例行程序列表中就出现了用户新建立的例行程序，如图 7-54 所示。

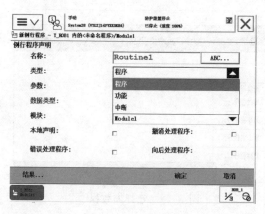

图 7-50　选择程序

图 7-51　参数选择

图 7-52　选择 Module1

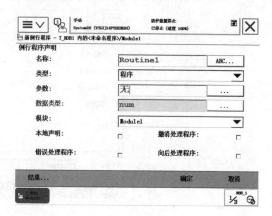

图 7-53　例行程序建立

（12）点击"显示例行程序"，即可进入例行程序进行程序的编写，如图 7-55 所示。

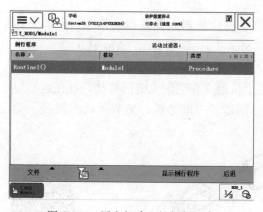

图 7-54　用户新建立的例行程序

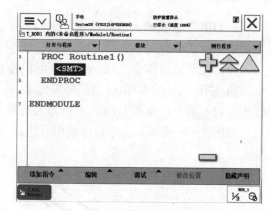

图 7-55　程序编写页面

3. 加载程序　用户可以将预先编写好的程序存放在存储设备中，当需要将程序导入到示教器中时，利用加载程序的方法进行操作，具体操作如下：

（1）单击 ABB 工业机器人菜单按钮。选择程序编辑器选项，进入程序编写界面，如图 7-56 所示。

（2）点击"文件"选项卡，选择加载程序选项，如图 7-57 所示。

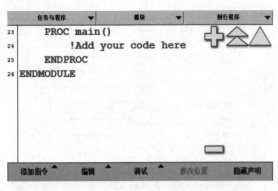

图 7-56 选择任务与程序

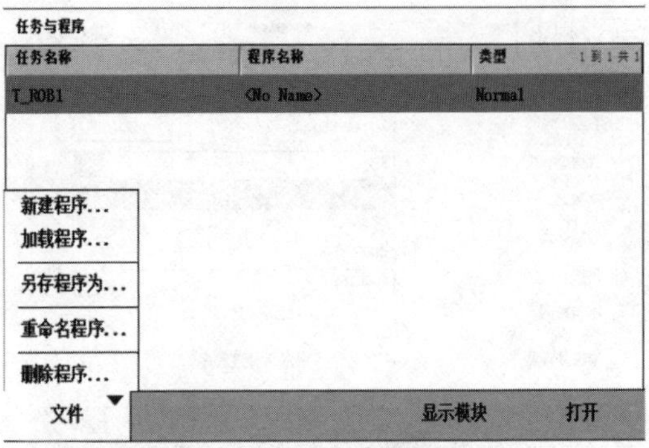

图 7-57 选择加载程序

（3）在弹出界面中，找到存储设备，点击确定即可完成加载程序如图 7-58 所示。

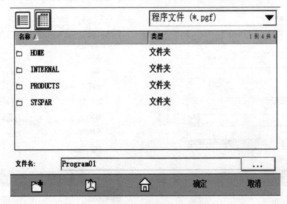

图 7-58 加载程序完成

二、程序编制

1. ABB 工业机器人运动指令　机器人运动指令是操作机器人最基本的指令，机器人在空间中运动主要有关节运动（MoveJ）、线性运动（MoveL）、圆弧运动（MoveC）。

（1）关节运动指令。MoveJ 指令可以使机器人以最快捷的方式运动至目标点，机器人运动轨迹不完全可控，但运动路径保持唯一。常用于机器人在空间大范围移动，且在运动过程中一般不容易出现关节轴进入机器人机械死点的问题。一般来讲，关节运动的路线为曲线，如图 7-59 所示。指令具体使用方法如下：

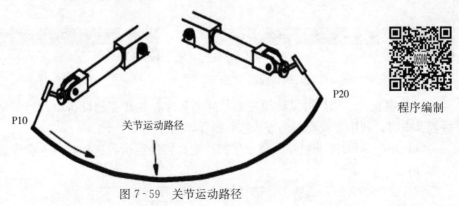

程序编制

图 7-59 关节运动路径

①插入相应指令，如图 7‐60 所示。指令各个参数含义如表 7‐5 所示。

②单击"＊"号，修改目标点的标识符，这里修改为 p10，点击"确定"，如图 7‐61 所示。

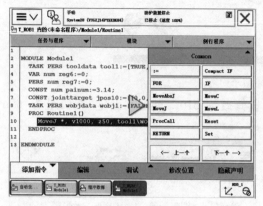

图 7‐60 插入相应指令

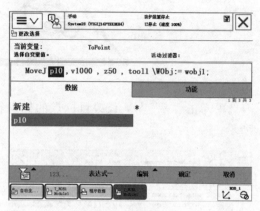

图 7‐61 修改目标点

表 7‐5 各参数含义

参数	含义
＊	运动目标点位置数据
V1000	运动速度数据 1 000mm/s
Z50	转弯区数据
tool1	工具坐标数据
Wobj1	工件坐标数据

③p10 的值为目标点数据，可以单击修改位置，修改 p10 的具体数值，如图 7‐62 所示。

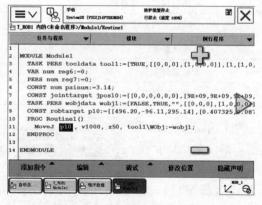

图 7‐62 修改目标点的具体数值

（2）线性运动指令。线性运动如图 7‐63 所示，是机器人以线性移动方式运动至目标点，当前点与目标点两点决定一条直线。机器人运动状态可控，运动路径保持唯一，可能出现死点，常用于机器人工作时移动。一般如焊接、涂胶等对路径要求比较高的场合使用。MoveL 指令具体使用方法如下：

①插入相应指令，如图 7‐64 所示。指令各个参数含义见表 7‐6 所示。

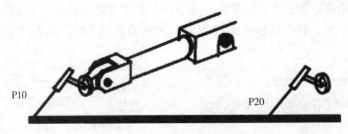

图 7-63 线性运动路径

②单击"＊"号，修改目标点的标识符，这里修改为 p10，点击"确定"，如图 7-65 所示。

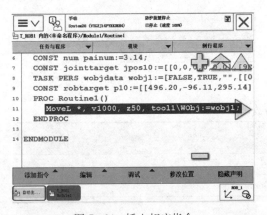

图 7-64 插入相应指令

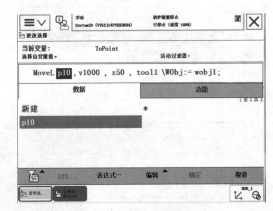

图 7-65 修改目标点

表 7-6 各参数含义

参数	含义
＊	运动目标点位置数据
V1000	运动速度数据 1 000mm/s
Z50	转弯区数据
tool1	工具坐标数据
Wobj1	工件坐标数据

③p10 为目标点数据，可以单击"修改位置"，修改 p10 的具体数值，如图 7-66 所示。

（3）圆弧运动指令。圆弧运动是机器人通过中间点以圆弧移动方式运动至目标点，当前点、中间点与目标点三点决定一段圆弧。机器人运动状态可控，运动路径保持唯一，常用于机器人工作时移动。MoveC 指令格式如图 7-67 所示。

圆弧路径是由 3 个点组成的（图 7-68），第一个点是圆弧的起点（机器人当前位置

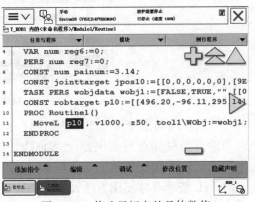

图 7-66 修改目标点的具体数值

P10），第二个点是运动过程中的点（P30），第三个点是圆弧的终点（P40）。用户在示教目标点时需要注意这 3 个点的含义，尤其是圆弧的起点是没有体现在指令中的，以防止出错。

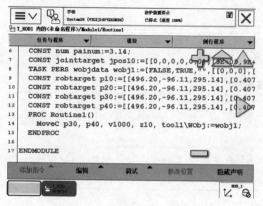

图 7 - 67　圆弧运动指令格式

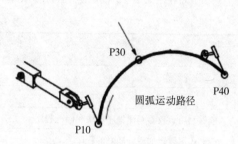

图 7 - 68　圆弧运动指令参数点

2. 轨迹程序编写　要完成如图 7 - 69 所示轨迹的行走，需要以下指令：

MoveL　P1，v200，z10，tool1 \ Wobj1：＝wobj1；

MoveJ　P2，v100，fine，tool1 \ Wobj1：＝wobj1；

MoveJ　P3，v500，fine，tool1 \ Wobj1：＝wobj1。

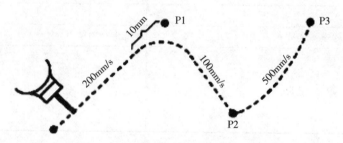

图 7 - 69　运动轨迹

（1）指令"MoveL　P1，v200，z10，tool1 \ Wobj1：＝wobj1"含义。机器人从当前位置向 P1 点以线性运动方式前进，速度是 200mm/s，转弯区数据是 10mm，距离 P1 点还有 10mm 时开始转弯，使用的工具数据是 tool1，工件坐标数据是 wobj1。

（2）指令"MoveJ　P2，v100，fine，tool1 \ Wobj1：＝wobj1"含义：机器人从 P1 向 P2 点以关节运动方式前进，速度是 100mm/s，转弯区数据是 fine，机器人在 P2 点速度降为 0 之后再启动运行，使用的工具数据是 tool1，工件坐标数据是 wobj1。

（3）指令"MoveJ　P3，v500，fine，tool1 \ Wobj1：＝wobj1"含义：机器人的 TCP 从 P2 点向 P3 点以关节运动方式前进，速度是 500mm/s，转弯区数据为 fine，机器人在 P3 点停止，使用的工具数据是 tool1，工件坐标数据是 wobj1。

（4）运动指令在使用时需要注意以下几个问题：

①速度数据一般为 250mm/s，不要设定的过大，以免发生危险。

②在手动限速状态下，所有的运动速度被限制在 250mm/s。

③转弯区数据 fine 指机器人会达到目标点，在目标点速度降为 0，机器人动作有所停顿后再向下运动，如果是一段路径的最后一个点，转弯区半径一定要选择 fine。

④转弯区半径越大，机器人的动作路径就越圆滑与流畅，但是半径过大可能会发生意外的碰撞，所以用户要慎重使用。

学习效果评价

完成本任务学习后，进行学习效果评价，如表7-7所示。

表7-7 学习效果评价

班级		学号		姓名		成绩	
任务名称							
评价内容				配分		得分	
能够利用示教器新建程序模块和例行程序				20			
能利用示教器加载编制好的程序				20			
掌握基本运动指令的使用方法				20			
能利用示教器编写简单的轨迹程序				20			
学习的主动性				5			
独立解决问题的能力				5			
学习方法的正确性				5			
团队合作能力				5			
总分				100			
建议							

任务四　工业机器人的应用

学习目标

1. 掌握搬运、焊接机器人的指令及其应用。
2. 掌握搬运、焊接机器人系统组成。
3. 掌握搬运、焊接机器人编程方法。

思政目标

培养奉献精神，增强创新意识。

相关知识

搬运、焊接机器人是工业常用的机器人，搬运机器人可以完成物料的搬运、码放以及分拣等任务，焊接机器人可以完成零件的焊接任务。任务系统由机器人、控制器、工作对象等组成，工作指令需要使用机器人的运动指令、IO控制指令以及时间等待指令，灵活应用这些指令可以完成简单的工作任务。

一、搬运机器人

1. 搬运机器人简介 搬运机器人（transfer robot）是可以进行自动化搬运作业的工业机器人（图 7-70），最早的搬运机器人出现在 20 世纪 60 年代。搬运作业是指用一种设备握持工件，从一个加工位置移到另一个加工位置。搬运机器人可安装不同的末端执行器以完成各种不同形状和状态的工件搬运工作，大大减轻了人类繁重的体力劳动。搬运机器人被广泛应用于机床上下料、冲压机自动化生产线、自动装配流水线、码垛搬运、集装箱等场景。部分国家已制定人工搬运的最大限度，超过限度必须由搬运机器人来完成。

图 7-70 搬运机器人

搬运机器人的编程核心是搬运工件拾取与放置、工件抓取和放置点的定位以及机器人运动渡过点的规划。

2. 搬运机器人系统及指令

（1）搬运机器人系统。它包括工业机器人本体、工业机器人控制器、夹爪工具、立体仓库和传送带。

①工业机器人本体。ABB 搬运机器人本体由 6 个自由度关节组成，抓取物体重量不大于 3kg。固定在型材实训桌上，活动范围半径大于 580mm，角度不小于 330°，机器人本体具体参数如表 7-8 所示。

搬运机器人

表 7-8 机器人本体参数

形式	规格值
机种	6 轴标准规格
动作自由度	6°
安装姿势	地板、垂吊
活动范围半径	580mm
周围温度	0～40℃
本体重量	25kg
位置往返精度	±0.01mm
可搬重量	3kg（额定）
集成信号源	手腕设 10 路信号
集成气源	500kPa
防护等级	P30

（续）

形式		规格值
动作范围	轴1旋转	330°（−165°～＋165°）
	轴2手臂	220°（−110°～＋110°）
	轴3手臂	160°（−90°～＋70°）
	轴4手腕	320°（−160°～＋160°）
	轴5弯曲	240°（−120°～＋120°）
	轴6翻转	800°（−400°～＋400°）
最大速度	轴1旋转	250°/s
	轴2手臂	250°/s
	轴3手臂	250°/s
	轴4手腕	320°/s
	轴5弯曲	320°/s
	轴6翻转	420°/s

②工业机器人控制器。ABB搬运机器人控制器选用IRC5紧凑型控制器，控制组成如图7-71所示。

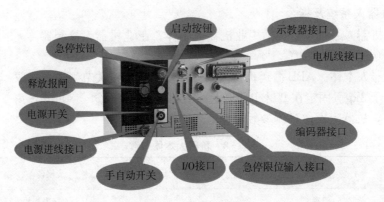

图7-71 控制器组成

③夹爪工具。机器人夹爪工具用于抓取搬运的工件，夹爪工具如图7-72所示。

④立体仓库。立体仓库（图7-73）的作用为存储和摆放搬运的工件，该仓储库主体由铝型材搭建，库位容量16个，库位尺寸70mm×120mm，仓储库总体尺寸534mm×520mm×120mm。

⑤传送带。传送带主要由传送机构、直流电机、光电传感器等组成，可以完成工件的传送工作，如图7-74所示。

（2）搬运机器人的指令。搬运机器人编程除了运动指令之外，还需要控制工具动作IO控制指令以及延时指令。

图7-72 机器人夹爪工具

图 7 - 73　立体仓库

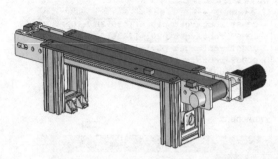

图 7 - 74　传送带

①IO 控制指令。

Set 数字信号置位指令：用于将数字信号输出信号置位为 1。使用方法如图 7 - 75 所示，其中 do1 为要设置的数字输出信号。

Reset 数字信号复位指令：用于将数字输出信号复位为 0。使用方法如图 7 - 76 所示，do1 为要复位的数字输出信号。

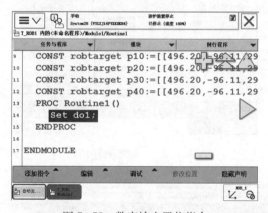

图 7 - 75　数字输出置位指令

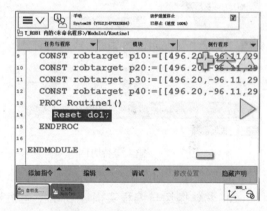

图 7 - 76　数字输出复位指令

注意：如果在 Set、Reset 这种控制数字信号的指令之前有运动指令的话，最后一条运动指令转弯区半径必须为 fine 才能够准确地输出 IO 信号的变化，否则 IO 信号将会提前动作。

②延时指令。

WaitDI 数字信号判断指令：用于判断数字输入信号的值是否与目标一致。指令用法如图 7 - 77 所示，其中 di1 为要等待的数字输入信号，1 为要判断的目标值。程序在执行此指令时，如果 di1 为 1，则程序会往下执行，若 di1 为 0 则程序会一直等待，如果达到最大等待时间 300s（此时间用户可以根据实际情况修改）以后还是不为 1，则机器人报警或进入错误处理程序。

③WaitTime 时间等待指令：用于程序等待制订的一段时间之后，再往下运行指令。具体使用方法如下：

在指令列表中选择 WaitTime 指令，如图 7 - 78 所示。

在弹出窗口选择 "123" 可以直接输入等待时间，以秒为单位，如图 7 - 79 所示。

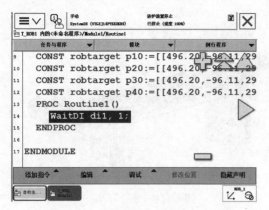

图7-77 数字输入判断指令

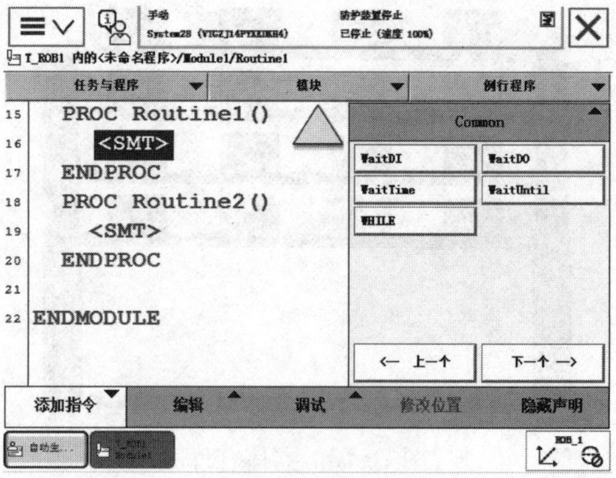

图7-78 选择 WaitTime 指令

等待时间选择3，点击确定，如图7-80所示。

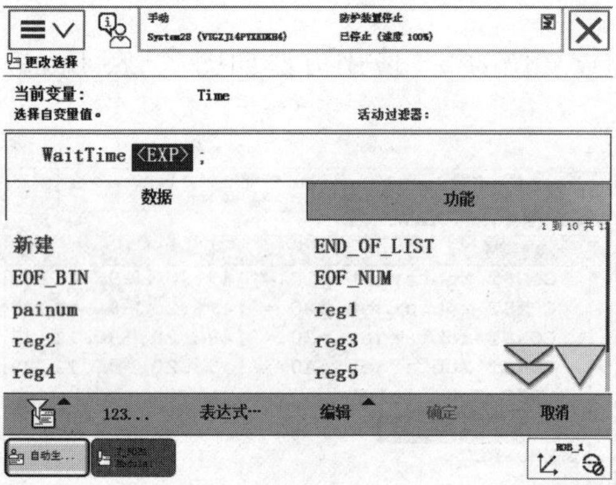

图7-79 输入等待时间

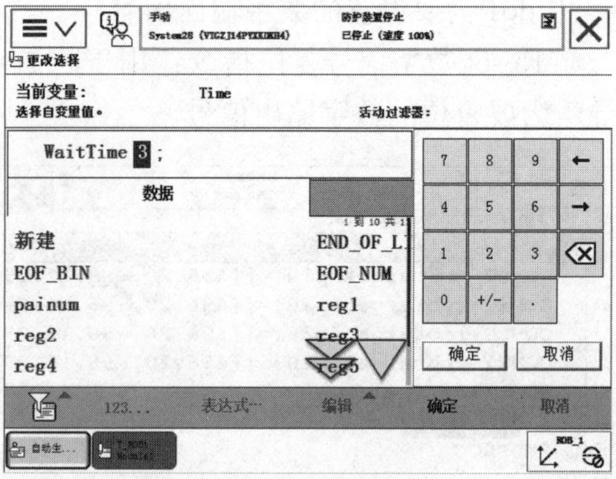

图7-80 选择等待时间

设置完毕，如图7-81所示。

3. 物体搬运与编程实操 利用搬运机器人系统，完成物料搬运的任务。

（1）机器人等待工件到达传送带末端，使用 WaitDI 指令等待到位信号为1，具体程序为：WaitDI DI1，1。

（2）工件到位之后，机器人通过运动指令回到安全点，具体程序为：MoveJ phome，v100，z10，tool0。

（3）机器人运动到工件抓取点上方，具体程序为：MoveJ pzs，v100，z10，tool0。

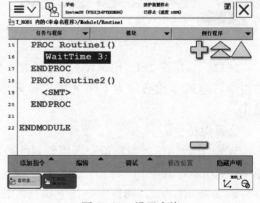

图7-81 设置完毕

（4）机器人运动到工件搬运抓取位置，具体程序为：MoveL pz，v100，fine，tool0。转弯半径要选择 fine。

（5）机器人夹爪闭合，抓取工件，具体程序为：Set DO10_JZ。

（6）抓取完毕之后，需要等待1s，等待完全抓稳之后再进行下一部动作，具体程序为：WaitTime 1。

（7）抓取完毕之后，机器人运动到抓取点上方，具体程序为：MoveL　pzs，v100，z10，tool0。

（8）机器人运动到库位放置点前方过度点，具体程序为：MoveJ　pfq，v100，z10，tool0。

（9）机器人运动到放置点上方，具体程序为：MoveL　pfs，v100，z10，tool0。

（10）机器人运动到放置点，具体程序为：MoveL　pf，v100，z10，tool0。

（11）机器人放下工件，具体程序为：Set DO10＿JZ，为了动作的安全性和规范性，放下之后需要等待1s，具体程序为：WaitTime 1。

以上就是机器人搬运一个工件的程序，机器人后续动作就是重复以上过程。

二、焊接机器人

1. 焊接机器人简介　焊接机器人是从事焊接作业的工业机器人，广泛应用于汽车、摩托车及其零部件制造和工程机械等行业。焊接机器人按用途分为弧焊机器人（图7-82）和定位焊机器人（图7-83）。

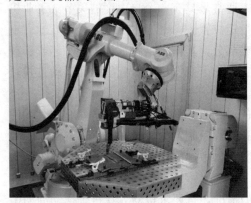

图7-82　ABB弧焊机器人

图7-83　ABB定位焊机器人

在一个工件上有多条焊缝时，焊接顺序将直接影响焊接质量，各焊缝的焊接参数往往也各不相同。因此，在程序上，一般将每条焊缝的焊接过程分别设为独立的子程序，主程序可根据需要调用这些子程序。

如果要更换或增加夹具，同样可编写独立的子程序，分配独立的焊接参数，单独进行工艺实验，最后通过修改人机接口、路径规划子程序、主程序及其他辅助程序（如辅助焊点子程序），使新的子程序集成到原有的程序中。

焊接机器人
基本操作

综上所述，每条焊缝的焊接过程由相应的子程序完成，并与其他辅助程序在主程序的协调下，实现焊接系统的各项功能。要增减焊缝，只需增减焊接子程序并修改相应的辅助程序。

2. 焊接机器人系统及指令

（1）焊接机器人系统。它一般由机器人本体、变位机、控制系统、焊接系统等组成，如图7-84所示。

①机器人本体。焊接过程中，要求焊枪严格按焊道轨迹运动，并不断填充焊丝，焊枪喷

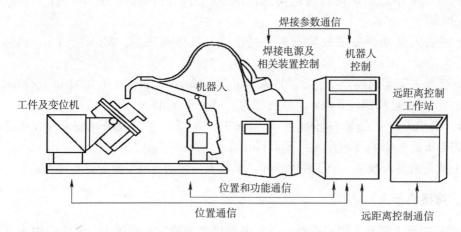

图 7-84　焊接机器人系统

嘴的运动轨迹、焊枪姿态及焊接规范都要求精确控制。因此，机器人运动过程中，速度的稳定性和轨迹精度是非常重要的硬性指标。焊接机器人通常是具有 6 个自由度的关节式工业机器人，有较高的位置精度，能通过最佳的路径到达指定位置。

②变位机。变位机是焊接机器人系统的重要组成部分，其作用是将被焊工件平移或旋转到最佳焊接位置。变位机是通过夹具来装夹、定位工件的。变位机的负载能力和运动方式可根据待焊工件的特点进行选择。

③控制系统。控制系统是整个焊接机器人系统的"神经中枢"，包括计算机硬件、软件和一些专用电路，负责系统工作过程中的信息处理和过程控制。

④焊接系统。焊接系统是完成焊接作业的核心装备，由焊接电源、焊枪、气路系统、水路系统及焊接控制器等部分组成。

根据焊接工艺要求，经常会遇到需要焊枪摆动的情况，且要求机器人在每个摆动周期中的停顿点处按给定的时间停顿。

焊接机器人多采用气体保护焊（如 MAG、MIG 等），并使用逆变式、晶闸管式的脉冲或直流电源作为焊接电源，但为了实现控制柜对焊接电源的数字控制，要求焊接电源必须具有适应机器人控制柜的数据接口。同时，还要求焊接电源具有 100% 的负载持续率。

为保证焊接过程送丝稳定，一般将送丝机构安装在机器人手臂或底座上，这样可以使焊枪到送丝机构的距离较短，有利于送丝稳定。

（2）焊接机器人的指令。焊接指令的基本功能与普通"Move"指令一样，可实现运动及定位。焊接指令还包括以下焊接参数：

①ArcL（直接焊接，Linear Welding）。直线焊接指令，类似于 MoveL，包含 3 个选项：AreLStart（开始焊接）；AreLEnd（焊接结束）；AreL（焊接中间点）。

②ArcC（圆弧焊接，Circular Welding）。圆弧焊接指令，类似于 MoveC，包括 3 个选项：ArcCStart（开始焊接）；ArcCEnd（焊接结束）；ArcC（焊接中间点）。

③Seam1（焊接参数，Seamdata）。焊接参数的一种，定义起弧和收弧时的相关参数，含义见表 7-9。

表 7 - 9　Seam1 中的参数

焊接参数（指令）	参数含义
Purge _ time	保护气管路的预充气时间
Preflow _ time	保护气的预吹气时间
Bback _ time	收弧时焊丝的回烧量
Postflow _ time	收弧后保护气体的吹气时间（为防止焊缝氧化）

④Weldl（焊接参数，Welddata）。焊接参数的一种，定义焊接参数，含义见表 7 - 10。

表 7 - 10　Weld1 中的参数

焊接参数（指令）	参数含义
Weld _ speed	焊接速度，单位是 mm/s
Weld _ voltage	焊接电压，单位是 V
Weld _ wirefeed	焊接时送丝系统的送丝速度，单位是 m/min

⑤Weavel（焊接参数，Weavedata）。焊接参数的一种，定义摆动参数，含义见表7 -11。

表 7 - 11　Weave1 中的参数

焊接参数（指令）	参数含义
Weave _ shape	0：无摆动
	1：平面锯齿形摆动
	2：空间 "V" 字形摆动
	3：空间三角形摆动
Weave _ type	0：机器人所有的轴均参与摆动
	1：仅手腕参与摆动
Weave _ length	摆动一个周期的长度
Weave _ width	摆动一个周期的宽度
Weave _ height	空间摆动一个周期的高度

⑥\On。可选参数，令焊接系统在该语句的目标点到达之前，依照 Seam 参数中的定义，预先启动保护气体，同时将焊接参数进行数模转换，送往焊机。

⑦\Off。可选参数，令焊接系统在该语句的目标点到达之时，依照 Seam 参数中的定义，结束焊接过程。

3. 平板堆焊与编程实操　在平板表面进行堆焊是最简单的焊接方式。本任务要求用 CO_2 焊工艺在低碳钢表面平敷堆焊不同宽度的焊缝，练习各种焊接参数的选择。

（1）CO_2 焊工艺及焊前准备。

①CO_2 焊工艺特点。CO_2 焊工艺一般包括短路过渡和细滴过渡两种。

短路过渡工艺采用细焊丝、小电流和低电压。焊接时，熔滴细小而过渡频率高，飞溅小，焊缝成形美观。短路过渡工艺主要用于焊接薄板及全位置焊接。

细滴过渡工艺采用较粗的焊丝，焊接电流较大，电弧电压也较高。焊接时，电弧是连续的，焊丝熔化后以细滴形式进行过渡，电弧穿透力强，母材熔深大。细滴过渡工艺适于中厚板焊件的焊接。

CO_2焊工艺的焊接参数包括焊丝直径、焊接电流、电弧电压、焊接速度、保护气流量及焊丝伸出长度等。如果采用细滴过渡工艺进行焊接，电弧电压必须在$34\sim45V$，焊接电流则根据焊丝直径来选择。对于不同直径的焊丝，实现细滴过渡的焊接电流下限是不同的，如表7-12所示。

表 7-12 细滴过渡的电流下限及电压范围

焊丝直径/mm	电流下限/A	电弧电压/V
1.2	300	
1.6	400	
2.0	500	$34\sim45$
4.0	700	

②焊前准备。

工件材料：低碳钢。

工件尺寸：$300mm\times400mm\times10mm$。

CO_2气体纯度：99.5%以上。

焊接参数：见表7-13。

表 7-13 平板堆焊焊接参数

焊丝直径/mm	电流下限/A	电弧电压/V	焊接速度/（mm/min）	保护气流量（L/min）
1.2	300	$34\sim45$	$40\sim60$	$25\sim50$

（2）编程与焊接。

①工件安装与夹紧。使用平板焊接夹具，将工件安放在夹具上夹紧。

②新建程序。打开程序编辑器，新建程序。

③确定引弧点。手动操纵焊接机器人，使焊丝对准工件上引弧点，选择 ArcL \ On。

④修改焊接参数。按表7-13修改各项焊接参数。

⑤确定熄弧点。手动操纵焊接机器人并定位到工件上的熄弧位置，选择 ArcL \ Off。

⑥焊枪回原位或规定位置。手动操纵焊接机器人，使焊枪回到原始位置或规定位置。

⑦运行程序。先空载运行此程序，再进行焊接。

焊接机器人的操作注意事项：

（1）操作人员需要接受机器人操作的相关培训。

（2）对机器人的运动特性有足够的认识。

（3）对机器人的危险性有足够的了解。

（4）使用机器人前，未服用影响神经系统或导致反应迟钝的药物。

学习效果评价

完成本任务学习后，进行学习效果评价，如表 7-14 所示。

表 7-14　学习效果评价

班级		学号		姓名		成绩	
任务名称							
评价内容			配分		得分		
能够描述搬运、焊接机器人的概念和用途			20				
掌握搬运、焊接机器人所用的指令			20				
掌握搬运、焊接机器人系统组成			20				
掌握搬运、焊接机器人编程方法			20				
学习的主动性			5				
独立解决问题的能力			5				
学习方法的正确性			5				
团队合作能力			5				
总分			100				
建议							

延伸阅读

高凤林：为火箭焊接"心脏"的人

焊接技术千变万化，为火箭发动机焊接，就更不是一般人能胜任的了，高凤林就是一个为火箭焊接"心脏"的人。

高凤林，中国航天科技集团公司第一研究院国营二——厂特种熔融焊接工、发动机零部件焊接车间班组长、特级技师。

30 多年来，高凤林先后参与北斗导航、嫦娥探月、载人航天等国家重点工程以及长征五号运载火箭的研制工作，一次次攻克发动机喷管焊接技术世界级难关，出色完成全箭振动试验塔的焊接攻关，修复图-154 飞机发动机，还被丁肇中教授亲点，成功解决反物质探测器项目难题。高凤林先后荣获国家科技进步二等奖、全军科技进步二等奖等 20 多个奖项。

绝活不是凭空得，功夫还得练出来。高凤林吃饭时拿筷子练送丝，喝水时端着盛满水的缸子练稳定性，休息时举着铁块练耐力，冒着高温观察铁水的流动规律。为了保障一次大型科学实验，他的双手至今还留有被严重烫伤的疤痕。为了攻克某项重点攻关项目，近半年的时间，他天天趴在冰冷的产品上，被戏称为"和产品结婚的人"。2015 年，高凤林获得全国劳动模范称号。

高凤林以卓尔不群的技艺和劳模特有的人格魅力、优良品质，成为新时代高技能工人的时代坐标。

❓ 思考题

1. 简述工业机器人的特点。
2. 按机械结构可以将机器人分为哪几类？
3. 简述工业机器人的组成。
4. 工业机器人的运动模式有哪几种？
5. 简述工业机器人示教器的结构。
6. 简述手动操作工业机器人线性运动的操作流程。
7. 工业机器人增量模式参数如何设置？
8. 简述新建程序模块的步骤。
9. 简述工业机器人的基本运动指令。
10. 常用的搬运机器人指令有哪些？
11. 编程中常用的焊接参数有哪些？
12. 弧焊机器人系统包括哪几个部分？
13. 举例说明典型焊接语句中各参数的含义及调节方法。

参 考 文 献

曹明元，2016.3D打印技术概论［M］.北京：机械工业出版社.

曹明元，2017.3D打印快速成型技术［M］.北京：机械工业出版社.

陈雪芳，孙春华，2018.逆向工程与快速成型技术应用［M］.北京：机械工业出版社.

成思源，2017.逆向工程技术［M］.北京：机械工业出版社.

段性军，王锋，2021.数控DMG多轴加工模块［M］.北京：中国铁道出版社.

郭聚东，钱惠芬，2004.柔性制造系统的优势及发展趋势［J］.轻工机械（04）：4-6.

李宗义，黄建明，2017.先进制造技术［M］.北京：高等教育出版社.

刘军华，曹明元，2019.3D打印扫描技术［M］.北京：机械工业出版社.

刘丽鸿，李艳艳，2020.3D打印技术与逆向工程实例教程［M］.北京：机械工业出版社.

刘伟，周广涛，王玉松，2013.中厚板焊接机器人系统及传感技术应用［M］.北京：机械工业出版社.

刘勇，汪海涛，于南楠，2017.ABB工业机器人基础实践教程［M］.北京：北京航空航天大学出版社.

刘忠伟，邓英剑，2017.先进制造技术［M］.北京：电子工业出版社.

隋秀凛，夏晓峰，2016.现代制造技术［M］.北京：高等教育出版社.

杨晓雪，闫学文，2016.Geomagic Design X三维建模案例教程［M］.北京：机械工业出版社.

叶晖，管小青，2010.工业机器人实操与应用技巧［M］.北京：机械工业出版社.

周俊，茅健，2014.先进制造技术［M］.北京：清华大学出版社.

图书在版编目（CIP）数据

先进制造技术 / 段性军，王宝刚主编 .—北京 ：
中国农业出版社，2023.8
ISBN 978-7-109-31032-2

Ⅰ.①先… Ⅱ.①段… ②王… Ⅲ.①机械制造工艺
—高等职业教育—教材 Ⅳ.①TH16

中国国家版本馆 CIP 数据核字（2023）第 157585 号

中国农业出版社出版
地址：北京市朝阳区麦子店街 18 号楼
邮编：100125
责任编辑：张孟骅　　文字编辑：王志杰
版式设计：王　晨　　责任校对：吴丽婷
印刷：中农印务有限公司
版次：2023 年 8 月第 1 版
印次：2023 年 8 月北京第 1 次印刷
发行：新华书店北京发行所
开本：787mm×1092mm　1/16
印张：10.5
字数：262 千字
定价：35.00 元